石油工程技能培训系列教材

试油（气）作业

王琳　廖雄　主编

U0254558

中国石化出版社

内 容 提 要

《试油（气）作业》为《石油工程技能培训系列教材》之一。本教材包括四部分内容，分别为概述、常用设备与工具、施工工艺、设备操作与保养等。涵盖了试油（气）作业基础性和通用性知识，着重突出现场实操，与井下作业其他四个专业相辅相成、各有侧重，便于读者系统了解掌握试油（气）作业相关常识性内容。

本教材为井下作业技能操作人员技能培训必备教材，也可作为相关专业大中专院校师生的参考教材。

图书在版编目（CIP）数据

试油（气）作业 / 王琳，廖雄主编 . —北京：中国石化出版社，2023.8
ISBN 978-7-5114-7220-5

Ⅰ . ①试… Ⅱ . ①王… ②廖… Ⅲ . ①试油—技术培训—教材 ②试气—技术培训—教材 Ⅳ . ① TE27 ② TE375

中国国家版本馆 CIP 数据核字（2023）第 152617 号

中国石化出版社出版发行
地址：北京市东城区安定门外大街58号
邮编：100011　电话：（010）57512500
发行部电话：（010）57512575
http://www.sinopec-press.com
E-mail：press@ sinopec.com
北京富泰印刷有限责任公司印刷
全国各地新华书店经销

*
787 毫米 ×1092 毫米　16 开本　14.75 印张　305 千字
2023 年 9 月第 1 版　2023 年 9 月第 1 次印刷
定价：58.00 元

《试油（气）作业》编审人员

主　编：王　琳　廖　雄

编　写：李朝荣　漆梦东　黄　涛　李　晖

　　　　牟小清　李运辉　范小波　张明江

审　稿：陈介骄　秦钰铭　尤春光　唐永祥

　　　　陈庆堂　廖碧朝

序

PREFACE

习近平总书记指出:"石油能源建设对我们国家意义重大,中国作为制造业大国,要发展实体经济,能源的饭碗必须端在自己手里。"党的二十大报告强调:"深入推进能源革命,加大油气资源勘探开发和增储上产力度,确保能源安全。"石油工程是油气产业链上不可或缺的重要一环,是找油找气的先锋队、油气增储上产的主力军,是保障国家能源安全的重要战略支撑力量。随着我国油气勘探开发向深地、深海、超高温、超高压、非常规等复杂领域迈进,超深井、超长水平段、非常规等施工项目持续增加,对石油工程企业的核心支撑保障能力和员工队伍的技能素质提出了新的更高要求。

石油工程企业要切实履行好"服务油气勘探开发、保障国家能源安全"的核心职责,在建设世界一流、推进高质量发展中不断提高核心竞争力和核心功能,迫切需要加快培养造就一支高素质、专业化的石油工程产业大军,拥有一大批熟练掌握操作要领、善于解决现场复杂疑难问题、勇于革新创造的能工巧匠。

我们组织编写的《石油工程技能培训系列教材》,立足支撑国家油气产业发展战略所需,贯彻中国石化集团公司人才强企战略部署,把准石油工程行业现状与发展趋势,符合当前及今后一段时期石油工程产业大军技能素养提升的需求。这套教材的编审人员集合了中国石化集团公司石油工程领域的高层次专家、技能大师,注重遵循国家相关行业标准规范要求,坚持理论与实操相结合,既重理论基础,更重实际操作,深入分析提炼了系统内各企业的先进做法,涵盖了各相关专业(工种)的主要标准化操作流程和技能要领,具有较强的系统性、科学性、规范性、实用性。相信该套教材的出版发行，能够对推动中国石化乃至全国石油工程产业队伍建设和油气行业高质量发展产生积极影响。

匠心铸就梦想，技能成就未来。希望生产一线广大干部员工和各方面读者充分运用好这套教材，持续提升能力素质和操作水平，在新时代新征程中奋发有为、建功立业。希望这套教材能够在实践中不断丰富、完善，更好地助力培养石油工程新型产业大军，为保障油气勘探开发和国家能源安全作出不懈努力和贡献！

中石化石油工程技术服务股份有限公司

董事长、党委书记

2023 年 9 月

前言

FOREWORD

技能是强国之基、立业之本。技能人才是支撑中国制造、中国创造的重要力量。石油工程企业要高效履行保障油气勘探开发和国家能源安全的核心职责，必须努力打造谋求自身高质量发展的竞争优势和坚实基础，必须突出抓好技能操作队伍的素质提升，努力培养造就一支技能素养和意志作风过得硬的石油工程产业大军。

石油工程产业具有点多线长面广、资金技术劳动密集、专业工种门类与作业工序繁多、不可预见因素多及安全风险挑战大等特点。着眼抓实石油工程一线员工的技能培训工作，石油工程企业及相关高等职业院校等不同层面，普遍期盼能够有一套体系框架科学合理、理论与实操结合紧密、贴近一线生产实际、具有解决实操难题"窍门"的石油工程技能培训系列教材。

在中国石化集团公司对石油工程业务进行专业化整合重组、中国石化石油工程公司成立 10 周年之际，我们精心组织编写了该套《石油工程技能培训系列教材》。编写工作自 2022 年 7 月正式启动，历时一年多，经过深入研讨、精心编纂、反复审校，于今年 9 月付样出版。该套教材涵盖物探、钻井、测录井、井下特种作业等专业领域的主要职业（工种），共计 13 册。主要适用于石油工程企业及相关油田企业的基层一线及其他相关员工，作为岗位练兵、技能认定、业务竞赛及其他各类技能培训的基本教材，也可作为石油工程高等职业院校的参考教材。

在编写过程中，坚持"系统性与科学性、针对性与适用性、规范性与易读性"相统一。在系统性与科学性上，注重体系完整，整体框架结构清晰，符合内在逻辑规律，其中《石油工程基础》与其他 12 册

1

教材既相互衔接又各有侧重，整套教材紧贴技术前沿和现场实践，体现近年来新工艺新设备的推广，反映旋转导向、带压作业等新技术的应用等。在针对性与适用性上，既有物探、钻井、测录井、井下特种作业等专业领域基础性、通用性方面的内容，也凝练了各企业、各工区近年来摸索总结的优秀操作方法和独门诀窍，紧贴一线操作实际。在规范性与易读性上，注重明确现场操作标准步骤方法，保持体例格式规范统一，内容通俗易懂、易学易练，形式喜闻乐见、寓教于乐，语言流畅简练，符合一线员工"口味"。每章末尾还设有"二维码"，通过扫码可以获取思维导图、思考题答案、最新修订情况等增值内容，助力读者高效学习。

为编好本套教材，中国石化石油工程公司专门成立了由公司主要领导担任主任、班子成员及各所属企业主要领导组成的教材编写工作指导委员会，日常组织协调工作由公司人力资源部牵头负责，各相关业务部门及各所属企业人力资源部门协同配合。从全系统各条战线遴选了中华技能大奖、全国技术能手、中国石化技能大师获得者等担任主编，并精选业务能力强、现场经验丰富的高层次专家和业务骨干共同组成编审团队。承担 13 本教材具体编写任务的牵头单位如下：《石油工程基础》《石油钻井工》《石油钻井液工》《钻井柴油机工》《修井作业》《压裂酸化作业》《带压作业》等 7 本由胜利石油工程公司负责，《石油地震勘探工》和《石油勘探测量工》由地球物理公司负责，《测井工》和《综合录井工》由经纬公司负责，《连续油管作业》由江汉石油工程公司负责，《试油（气）作业》由西南石油工程公司负责。本套教材编写与印刷出版过程中得到了中国石化总部人力资源部、油田事业部、健康安全环保管理部等部门和中国石化出版社的悉心指导与大力支持。在此，向所有参与策划、编写、审校等工作人员的辛勤付出表示衷心的感谢！

编辑出版《石油工程技能培训系列教材》是一项系统工程，受编写时间、占有资料和自身能力所限，书中难免有疏漏之处，敬请多提宝贵意见。

编委会办公室

2023 年 9 月

目录
CONTENTS

概述

试油（气）作业，又称油气层测试或地层测试，是指对有油气显示的可能油层进行产油气能力、流体性质和油层特征的测定与试验。试油（气）是油气勘探和油藏认识的关键环节，是取得重要数据的手段，为油气评价提供基本依据。

第一节　目的和任务

一　目的

①在油气田预探阶段：主要是探明新构造是否有工业油气流。

②在油气田初探阶段：主要是探明新油田的工业含油气面积、产油气能力和驱动类型。

③在油气田详探阶段：主要是落实油气田储量，编制合理的开发方案，多层时应分单层试油气，求准储量参数和开发设计数据。

④在油气田开发阶段：主要是在检查井、观察井、油气水过渡带井求分层资料，不断地从动态资料中加深对油气层的认识。

二　任务

①了解油气储层及其流体的性质，为附近同一地层的其他探井提供重要的地质资料，许多探井资料可以初步确定该油气田的工业价值。

②查明油气田的含油气面积及油水或气水边界以及驱动类型，为初步计算地下油气的工业储量提供必要的资料。

③了解储层的产油气能力和验证测井资料解释的可靠程度。

④试油气资料的整理和分析结果是确定一口井合理工作制度的基础，在制定油气田开发方案时作为确定单井生产能力的依据。

第二节　专业术语

一　压力

①油压（油管压力）：油、气从井底经管柱流到井口后测得的剩余压力称为油管压力，

简称油压。

②套压（套管压力）：油套管环形空间内，油和气在井口测得的压力称为套管压力，简称套压。

③表套压力：表层套管与技术套管环空在套管头处测得的压力。

④技套压力：油层套管与技术套管环空在套管头处测得的压力。

⑤上流压力：天然气流经孔板，在孔板前测得的压力。

⑥下流压力：天然气流经孔板，在孔板后测得的压力。

⑦井底压力：地面和井内各种压力作用在井底的总和。一般由下电子压力计测量、静气（液）柱计算、动气（液）柱计算等方法获得。

⑧地层压力：地层孔隙中流体所具有的压力称为地层压力。地层压力是油气层能量的反映，它是推动流体从油气层中流向井筒的动力。油气层未开发前，油气层中部压力处于平衡状态，地层流体不流动，一旦油气井投入开发生产，地层压力就失去了平衡，井底压力低于地层压力，井底附近的油气层压力低于距离较远处的地层压力。由于这种压力差的形成，使得流体从油气层流入井筒，再沿井筒流到地面。

⑨原始地层压力：油、气层未打开之前，整个油、气层处于均衡受压状态，油、气层孔隙中流体所承受的压力，称为原始地层压力。在油气藏储集空间一定的情况下，原始地层压力越高，储量越大。

原始地层压力的大小，与其埋藏深度有关。世界上若干油气田统计资料表明，多数的油气藏埋藏深度平均每增加 100m，其压力增加 0.7~1.2MPa，若增加的压力值低于 0.7MPa 或高于 1.2MPa，则称为压力异常。压力增加值小于 0.7MPa 者称为低压异常；压力增加值大于 1.2MPa 者称为高压异常。

⑩目前地层压力：油气层投入开发以后，在某一时间关井，待压力恢复平稳后，所获得的井底压力称为该时期目前的地层压力。地层压力的下降速度，反映了地层能量的变化情况，在同一气量开采条件下，地层压力下降得越慢，则地层能量越大；地层压力下降得越快，则地层能量越小。

⑪流动压力：油气层生产时测得的井底压力称为流动压力。它是流体从地层流入井底后剩余的压力，同时也是流体从井底流向井口的动力。

⑫地层破裂压力：指某一深度地层发生破碎和裂缝时所能承受的压力。当达到地层破裂压力时，地层原有的裂缝扩大延伸或无裂缝的地层产生裂缝。

⑬静液柱压力：由静止液体自身重量产生的压力。其大小取决于液体的密度和液体的垂直高度，与液体的断面形状无关。

⑭压力系数：油气井某深度压力与该点水柱静压力之比。

⑮压力梯度：深度每增加 100 m 地层压力的变化量。

⑯波动压力：激动压力与抽汲压力统称为波动压力。

激动压力：指由于下管柱过快或钻井泵（水泥车）启动过快，使井内压井液移动速度突然改变时引起的井内压力瞬时增加值。激动压力会使井底压力增加，导致压漏地层。

抽汲压力：上提管柱时（管柱上有大直径工具或黏附有泥饼），由于压井液的移动引起的井内压力瞬时降低值。抽汲压力会使井底压力降低，导致地层流体喷出井口。

二 显示

①油气显示：石油、天然气及其与成因相联系的各种石油衍生物的天然和人工露头均称为油气显示，油气显示又可分为地面油气显示和井下油气显示两种。

②地面油气显示：石油和天然气沿着地下岩石的孔隙和裂缝运移到地面所形成的各种露头，称为地面油气显示。

③井下油气显示：由于钻井、取岩心和随同钻井液循环而把石油和天然气携带到地面，称为井下油气显示。

三 地层流体

①地层水：地层水是和天然气或石油埋藏在一起，具有特殊化学成分的地下水，也称为油气田水。

②页岩气：页岩气是指附存于以富有机质页岩为主的储集岩系中的非常规天然气。

③酸气（酸性天然气）：在天然气中含有的硫化氢（H_2S）、二氧化碳（CO_2）和有机硫化合物，统称为酸性气体。

四 作业

①起油管：利用提升系统将井内的油管柱提出井口，用液压钳逐根卸下放在油管架上，并对油管进行清洗、检查、丈量、重新组配的过程。

②下油管：将清洗、检查、丈量、组配好的油管及井下工具利用提升系统、液压钳逐根扭紧并下入井内的过程。

③组配管柱：按照施工设计给出的下井管柱要求、下井工具的数量和顺序、各工具的下入深度等参数，在地面丈量、计算、组配的过程。

④通井：用规定外径和长度的柱状规下入井内检查套管内径是否存在影响试油气工具通过的弯曲和变形，检验井筒是否畅通和人工井底是否符合试油气要求的作业施工，简称通井。

⑤刮管：在套管内下入接有套管刮削器的管柱刮削套管内壁，清除残留在套管内壁上的水泥块、硬蜡、盐垢、射孔后炮眼毛刺以及套管锈蚀后产生的氧化铁等杂物的作业。

⑥探砂面：在套管内下入管柱实探井内砂面深度的施工。

⑦冲砂：将冲砂管柱下到套管内的砂面深度向井内高速注入液体，靠水力作用将井底沉砂冲散，利用液流循环上返的携带能力，将冲散的砂子带到地面的施工。

⑧洗井：将油管下到套管内的预定深度，在地面向井内泵入洗井液，把井壁和油管上的结蜡、死油、铁锈等杂质混合到洗井液中带到地面，以保证井筒干净达到设计要求。

⑨井筒试压：为了检验固井质量，检查套管、井口密封情况，对井筒进行的压力密闭测试作业。

⑩射孔：为了沟通地层和井筒，产生流体流通通道，将射孔器下至套管内预定的深度进行引爆，射孔弹爆炸产生的高能射穿套管、水泥环，并穿进地层一定深度的施工作业。

⑪替喷：采用密度较小的压井液将井内密度较大的压井液替换出来，从而降低井内液柱压力的方法。

⑫抽汲：由于油气层压力低或钻井液造成地层堵塞，导致井内流体不能返出地面，利用专门的抽子，通过钢丝绳下入油管内上下往复活动，抽子上提时把抽子上部液体排出井口，同时抽子下部产生低压，使油气层的液体不断补充到井内来，达到自喷或排液的目的。

⑬气举：利用压缩机将高压氮气向油管或套管注入，在压差的作用下将井内的液体从套管或油管排出的工艺。

⑭放喷：利用压差使井内积液排出井口，使油气层畅通达到正常出油气的测试目的。

⑮加砂压裂：利用压裂设备通过液体与砂混合压入地层，使储层开启网状裂缝，使渗透率增加，从而增加油气产能。

⑯酸化压裂：是在高于地层破裂压力下用酸液作为压裂液，进行不加支撑剂的压裂。酸压过程中靠酸液的溶蚀作用将裂缝的壁面溶蚀成凹凸不平的表面，以使停泵卸压后，裂缝壁面不会完全闭合。

⑰酸洗（酸侵）：利用压裂设备将少量低浓度酸在低于地层破裂压力的条件下注入和浸泡需处理地层（井段），或通过循环使酸液不断沿射孔孔眼或井壁流动，酸对结垢物及井壁附近地层产生腐蚀作用，疏通射孔孔眼、清除井壁脏污，溶解地层中的可溶物质，从而使油气井增产。其主要目的是解除堵塞，恢复和提高油气井产能。

⑱排液：利用地层压力或工艺（抽汲、气举、连续油管等）排出井筒积液，使油气层畅通达到正常出油气的目的。

⑲求产：试油气井在排液达到标准后，通过计量设备、仪表准确计量地层中产出的油、气、水量，取得油、气、水的各类参数的过程。

⑳关井测压力恢复曲线：在求产结束后，关闭井口油套闸阀或井下测试阀，记录地层压力恢复，通过压力的恢复数据，模拟压力曲线，计算出地层压力、渗透率、表皮系数等地质资料。

㉑压井：利用泵注设备从地面往井内注入密度适当的压井液，使井筒内的液柱在井底造成的回压与地层压力相平衡，恢复和重建井内压力平衡。

㉒封层（转层）：对当前试油气层进行封隔，以保证其他层位的正常试油气，防止不同层位之间的相互影响。

㉓封井：对当前井通过注水泥塞（桥塞、封隔器等）永久封闭，以保证该井地层压力（流体）不上窜，确保井口安全地施工。

第三节　完井方式

完井是钻井工作最后一个重要环节，又是采油（气）工程的开端，与以后采油（气）、注水及整个油气田的开发紧密相连。而油井完井质量的好坏直接影响油井的生产能力和经济寿命，甚至关系整个油田能否得到合理的开发。完井的方法有很多，主要有裸眼完井、衬管完井、射孔完井和砾石充填完井。

一　裸眼完井

当钻到油气层顶部时，下油层套管固井，再用小钻头钻开油气层，这种完井方法称为裸眼完井（图 1-3-1）。裸眼完井法的优点是：油气层完全裸露，油气流动的阻力小，在相同地层条件下，气井的无阻流量高；对裂缝性油气层，裸眼完井可以使裂缝完全暴露。裸眼完井法的缺点是：当油气层中有夹层水时不能被封闭；采气时气水互相干扰；裸眼井段地层易垮塌；不能进行选择性的上增产措施。裸眼完井法主要适用于坚硬不易垮塌的无夹层水的裂缝性石灰岩气层。

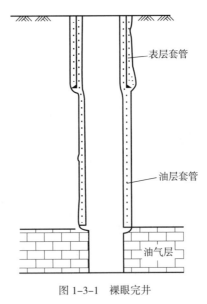

表层套管

油层套管

油气层

图 1-3-1　裸眼完井

二　衬管完井

衬管完井指的是当钻到油气层顶部时，下油层套管固井，然后钻开油气层，再下带缝或孔的衬管，并用悬挂器将衬管挂在油层套管底部的完井方式（图 1-3-2）。

衬管完井除具有裸眼完井的优点外，还有防止地层垮塌的优点。

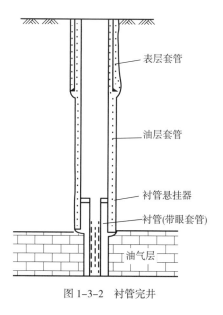

图 1-3-2　衬管完井

三　射孔完井

钻完油气层后下油层套管固井，用射孔枪对油气层射孔，射孔弹穿过套管和水泥环，形成若干条通道，让地层流体进入井筒，这种完井方法称为射孔完井（图 1-3-3）。

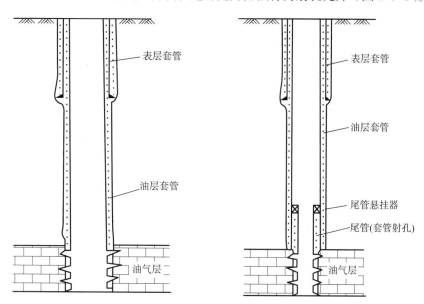

图 1-3-3　射孔完井示意图

射孔完井和裸眼完井的优缺点相反。主要用于易垮塌的砂岩油气层、要进行选择性增产措施的油气层，多产层的油气藏，有底水的油气藏和油、气、水关系复杂的油气层，为避免水对开采的干扰，多采用射孔完井。

对于胶结疏松砂严重的地层，一般采用砾石充填完井方式。它指的是先将绕丝筛管下入井内油层部位，然后用充填液将在地面上预先选好的砾石泵送至绕丝筛管与井眼或绕丝筛管与套管之间的环形空间内构成一个砾石充填层，以阻挡油层砂流入井筒，达到保护井壁、防砂入井之目的。砾石充填完井一般都使用不锈钢绕筛管而不使用割缝衬管。

第四节　井身及管柱结构

井身结构是指油气井地下部分的结构（指由直径、深度和作用各不相同，且均注水泥封固环形空间而形成的一组套管与水泥环的组合），包括：各层套管尺寸及下入深度；各层套管相应的钻头尺寸；各层套管外水泥浆的返出高度；井底深度或射孔完成的水泥塞深度等。

管柱结构是指下入井中的管柱及工具组合，包括：油管柱尺寸和下入深度；管柱下端管件（油管鞋、筛管等）。

井身及管柱结构通常用井身结构图来表示，它是油气井地下部分结构的示意图（图 1-4-1），井身结构图应包括以下几项数据：

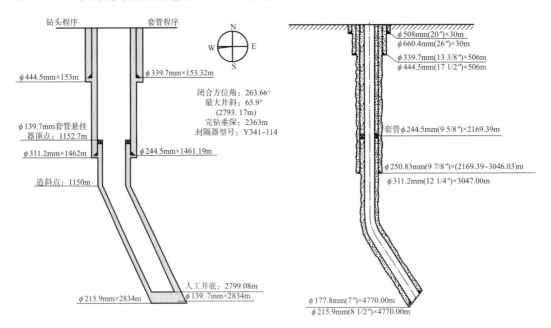

图 1-4-1　井身结构示意图

①产层段（射孔井段）。

②钻头程序。

③套管程序。

④完钻井深（垂深）及井底。

⑤管柱结构及下入深度。

⑥其他情况（井下落物情况等）。

一 套管结构

为防止井壁垮塌，根据地层情况和钻井、采气工艺要求，钻井过程中沿井壁下入井内的空心管柱叫套管。根据井的深度和穿过地层的岩性情况，一口井有多层套管，它们的作用如下。常见套管性能参数见表1-4-1。

①导管：引导钻头入井开钻和作为钻井液的出口。导管是在开钻前由人工或机械挖成的深2m左右的圆井中下入壁厚3~5mm的钢管，外面浇注水泥而成。其作用是保持井口附近的地表层不坍塌。

②表层套管：用于封隔地表附近不稳定的地层或水层，安装井口防喷器和支撑技术套管的重量。表层套管一般下入几十米至几百米。下入后，用水泥浆固井并返至地面。

③技术套管：用来封隔表层套管以下至钻开油气层以前易垮塌的松散地层、水层、漏层，或非钻探目的的中间油气层，以保证钻至目的层。技术套管外面的水泥浆要求返至需要封隔的最上部地层100m左右，对于高压气井，为防止窜气，水泥浆要返至地面。

④油层套管：用来将油气层和其他层隔开，同时建立起一条供长期开采油气的通道，其上部安装采气树，以控制油气井。一般要求固井水泥返至最上部油气层顶部100~150m，特殊情况要求返至地面。

表1-4-1　常见套管性能参数

规格/mm（in）	钢级	壁厚/mm	内径/mm	内容积/（m³/km）	挤毁压力/MPa		管体屈服载荷/kN	上扣扭矩/（N·m）		
					抗外挤	抗内压		最小	最佳	最大
139.7（5½）	N-80	7.72	124.26	12.12	43.3	53.4	1766	3530	4710	5890
	N-80	9.17	121.36	11.56	60.9	63.4	2073	4350	5800	7250
	P-110	7.72	124.26	12.12	51.6	73.4	2429	4700	6270	7840
	P-110	9.17	121.36	11.56	76.5	87.2	2852	5790	7720	9650
177.8（7）	N-80	11.51	154.79	18.81	59.3	62.5	3315	6840	9110	11390
	N-80	12.65	152.50	18.26	70.2	63.7	3622	7590	10120	12650
	N-80	13.72	150.37	17.75	78.5	63.7	3902	8280	11040	13800
	P-110	11.51	154.79	18.81	74.3	85.9	4560	9120	12160	15200
	P-110	12.65	152.50	18.26	89.8	87.6	4979	10130	13500	16880
	P-110	13.72	150.37	17.75	104.3	87.6	5364	11050	14730	18420

规格 /mm（in）	钢级	壁厚 /mm	内径 /mm	内容积 /m³/km	挤毁压力 /MPa		管体屈服载荷 /kN	上扣扭矩 /（N·m）		
					抗外挤	抗内压		最小	推荐	最大
244.48（9⅝）	N–80	10.03	224.41	39.53	21.3	39.6	4075	7500	10000	12500
	N–80	11.05	222.38	38.82	26.3	43.6	4471	8390	11190	13980
	N–80	11.99	220.50	38.17	32.8	47.4	4832	9200	12270	15340
	P–110	11.05	222.38	38.82	30.5	60.0	6144	11240	14980	18730
	P–110	11.99	220.50	38.17	36.5	65.1	6643	12330	16440	20550

二 油管

1. 油管

置于油层套管内的钢制空心管柱，一般下到产层中部，但对裸眼完井，只能下到套管鞋，以防在裸眼中被地层垮塌物卡埋。常见油管性能参数见表 1-4-2。

表 1-4-2　常见油管性能参数

规格 /mm（in）	钢级	壁厚 /mm	内容积 /（m³/km）	本体体积 /（m³/km）	抗外挤 /MPa	内屈服压力 /MPa	接头连接载荷 /kN		平式（NU）上扣扭矩 /（N·m）			加厚（EU）上扣扭矩 /（N·m）		
							平式油管	加厚油管	最小	最佳	最大	最小	最佳	最大
60.3（2⅜）	N–80	4.83	2.02	0.84	81.2	77.2	319.37	463.93	1040	1380	1730	1830	2450	3060
73.0（2⅞）	N–80	5.51	3.02	1.16	77.0	72.9	468.82	644.96	1490	1990	2490	2340	3120	3900
	P110	5.51	3.02	1.16	100.3	100.2	644.96	886.49	1880	2510	3140	2960	3940	4930
88.9（3½）	N–80	6.45	4.53	1.67	72.7	70.1	706.79	921.63	2110	2810	3510	3250	4330	5420
	P110	6.45	4.53	1.67	93.3	96.3	971.89	1267.24	2670	3550	4440	4120	5490	6860

2. 油管悬挂器

油管悬挂器，是由金属制成的带有外密封圈的空心锥体，坐在油管头（采气树大四通）内，并将油、套管的环形空间密闭起来。

3. 常见油管柱

射孔油管柱结构（自上而下）（以双层为例）：油管悬挂器＋双公变丝＋调整短节＋油管＋定位短节＋保护油管 3 根＋筛管＋压力延时起爆器＋安全枪＋射孔枪＋油管及短节＋筛管＋压力延时起爆器＋安全枪＋射孔枪＋枪尾。压裂油管柱结构（自上而下）（以双层为例）：油管悬挂器＋双公变丝＋调整短节＋油管＋安全接头＋调整短节＋滑套＋调整短节＋变丝＋水力锚＋封隔器＋变丝＋接球座＋调整短节＋坐封球座。

4. 筛管

由油管短节钻孔或割缝制成，每根长 3~10m，钻孔孔径一般为 10~12mm，孔眼的总面积要求大于油管的横断面积。

5.油管柱的作用

①使地层产出的油、气、水从井底输送到井口。由于油管的横断面积比套管的横断面积小得多，在相同的产气量下，油管中的气流速度比套管中的速度高，携带井内的积液和砂粒的能力强，能保持井底在较清洁的状况下采气。

②压井、洗井、酸化压裂都要通过油管进行。对高压力、高含硫化氢气井，需要下封隔器保护套管时，也要把封隔器连接在油管中下入井内，并在油管、套管环形空间注入保护液。

③采气过程中可保护套管。油管腐蚀、磨损后可以更换。为了增加携带井底积液能力，也可把大直径油管换成小直径油管。

思考题

1.试油气的主要任务是什么？

2.什么叫地层破裂压力？

3.地层流体包括哪些？

4.压井是通过什么重建和恢复井内压力平衡的？

5.油气显示的种类？

6.管柱在地面丈量、计算、组配的过程我们称为什么？

7.完井的方式主要有哪几种？

8.井身结构图应包含哪些数据？

9.什么叫套管？常见套管分为哪几类？

10.油管柱的作用是什么？

扫一扫
获取更多资源

第二章

常用设备与工具

试油（气）施工过程中必要的专用设备及工具是必不可少的，包括试油（气）现场主要作业设备、井口装置、井内固体物收集捕捉装置、测试控制设备、流体加入分离设备、井下测试工具等。

第一节　主要设备

一　作业设备

试油（气）可分为原钻机（配合）试油（气）与作业机试油（气）。作业设备分修井机与通井作业机，按运行结构分为轮式和履带式两种。轮式作业修井机一般指不带旋转、循环系统，配载井架的小吨位修井机，特点是行走速度快，施工效率高，能够满足快速搬迁的需要，但在低洼泥泞地带及雨季、翻浆季节行走和进入井场相对受到限制。履带式作业机一般不配载井架，其动力越野性能好，适用于低洼泥泞地带施工。

（一）车载式修井机

1. 修井机名称规则

"修井机"开头以中文拼音首字母大写为字头，以修井机钻井深度为修井机型号，并以大钩的最大载荷为扩展。修井机型号标示如下：

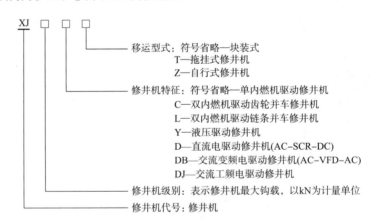

移运型式：符号省略—块装式
　　　　　T—拖挂式修井机
　　　　　Z—自行式修井机
修井机特征：符号省略—单内燃机驱动修井机
　　　　　C—双内燃机驱动齿轮并车修井机
　　　　　L—双内燃机驱动链条并车修井机
　　　　　Y—液压驱动修井机
　　　　　D—直流电驱动修井机(AC-SCR-DC)
　　　　　DB—交流变频电驱动修井机(AC-VFD-AC)
　　　　　DJ—交流工频电驱动修井机
修井机级别：表示修井机最大钩载，以kN为计量单位
修井机代号：修井机

2. 技术参数名称

（1）修井深度

指修井设备所适应的修井深度，一般分为工作井深和修井深度，工作井深是采用 2½″ 油管进行各类施工的深度，修井深度是用 2⅞″ 钻杆进行各类施工的修井深度，该参数值一般是在理想作业状态时的测算值。

（2）最大提升载荷

额定提升载荷和最大提升载荷是指车载式修井机设备作业状态大钩的额定载荷。修井作业一般按照设备的额定提升载荷进行作业，最大提升载荷作为安全操作范围内允许的最大界限。

（3）发动机转速和功率

修井设备的动力设备——发动机的转速和功率，该参数为发动机最高转速和额定功率。

（4）游车大钩起升重量和起升速度

游车大钩的起升重量是指修井设备工作时，游车大钩所能提升的最大重量，起升速度为起下钻时游车大钩的起升速度，起升速度一般不直接给出，通过绞车各挡的转速算出。

（5）井架高度、倾角及最大载荷

井架的高度是指从地面到天车底座的距离，由此可确定所起下管柱的长度与根数。井架倾角是指井架起升后与大钩垂直线形成的角度，一般倾角均小于5°。最大载荷分最大工作载荷和最大静载荷，最大工作载荷为起下钻时井架所承受的最大载荷，最大静载荷指游车大钩静止时井架所承受的最大载荷，最大工作载荷小于最大静载荷。

（6）修井机设备的行驶速度

参数表中所指的行驶速度一般为公路行驶的安全限制速度。

综上所述，修井设备的技术参数，主要由两个因素决定：一是发动机的功率和转速，它决定了游车大钩的起升重量和起升速度，修井设备的行驶速度和牵引力。二是修井设备零部件材料的性能与加工、装配因素。

3. 车载式修井机的基本功能

修井机设备主要用来完成各种修井任务和钻井勘探作业，修井机主要通过绞车系统提升钻具，通过转盘旋转系统完成修井旋转钻进作业。

修井机设备一般具备以下两个方面的基本功能，以满足井下修井作业和侧钻井作业的基本要求。

（1）起下管柱作业

修井机的起下作业功能主要通过绞车系统和游车系统来完成，绞车动力由车台或车载发动机经液力变速箱、分动箱、并车箱、角传动箱等传动部件输入，具有一定的起升重量和起升速度，一般采用五个正挡和一个倒挡来控制绞车的运转。绞车制动系统有主刹车和辅助刹车两种形式，主刹车一般为滚筒轮毂与刹车带摩擦制动，或是盘式刹车两种形式，辅助刹车一般采用水刹车形式。

游车系统是提升负荷的承载机构，通过游车大钩和天车滑轮组组成的2×3、3×4、4×5、5×6等形式的绳系，来满足各种型号修井机单绳最大负荷和作业提升总负荷的要求。

（2）行驶的功能

修井机的基本特征就是具有机动行驶能力，能适应各种路面的行走，以满足井下作业时间短、搬迁频繁迅速、越野性强的特点。

修井机通过专用的自走式底盘承载和行驶，与普通车载式底盘不同的是其行驶动力与作业机构共用一台发动机。当底盘行驶时，发动机动力经液力变速箱传至分动箱下输出轴，驱动底盘驱动桥实现底盘行驶。

4. 车载式修井机的主要结构组成

一套完整的修井机设备主要由自走式底盘、发动机、变速箱、绞车系统、游动系统、井架、旋转系统及配套作业设备和附件等组成。因其车装式结构具有作业机构布置紧凑、移运搬迁方便、现场安装调试简单等特点，比其他固定式修井机设备具有明显的优越性。

（1）动力驱动系统

动力驱动系统是为修井机设备的各工作机构（底盘、绞车、转盘、液压油泵等）提供动力的设备；主要由发动机、油箱、管线等组成。

（2）动力传动系统

动力传动系统是连接发动机与绞车、转盘等工作机的设备；它将发动机的功率和转速传递与分配给各工作机，同时承担变速任务。主要由变速箱、分动箱、角传动箱、齿轮、链条等组成。

（3）底盘系统

底盘系统是保证修井机设备主机搬迁移运的承载和行走机构；主要由自走式底盘、驱动桥、驱动轮、转向机构、行走系统刹车和驾驶室等组成。

（4）起升系统

起升系统是进行正常起下钻具和完成其他提升作业的设备；主要由绞车、井架、游动系统、绞车刹车、井口工具（吊环、吊卡、卡瓦）组成。

（5）控制系统

控制系统通过液路、气路和电路系统控制和操纵各工作机，按指令完成规定的动作和准确工作；主要由司钻操作台、驾驶室和各种操作手柄、开关、按钮、仪表、阀件、管线等组成。

（6）配套附件及作业设备

配套附件及作业设备包括旋转设备、钻台、泥浆循环设备等。

5. 主要部件结构及组成

（1）车载式修井机运载车

1）车载式修井机运载车技术参数

运载车是车载式修井机的最大部件，有着不同于其他专用车辆的显著特点。它不但是作业部分安装的基础件、转移井场时的移运工具，而且为作业部分提供全部动力——机械动力、压力油、压缩空气、电力等。

2）车载式修井机运载车型号标示

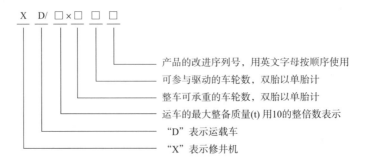

试油（气）作业

3）运载车动力传动系统

动力传动系统用来将发动机的动力传至行车系统和作业系统，动力传递的方式有机械式传动、液力传动和电力传动等。

（2）动力系统

动力系统是修井机中用于驱动绞车和转盘等工作机组的动力设备，可以是柴油机、交流电动机或直流电动机，在车载式修井机中应用得最多的是柴油机。

车载式修井机的动力源，其用途与常规车辆的发动机不同，它既是行车时的动力，更是作业时的动力来源。在动力的配置上又分为单发动机和双发动机，单发动机为车上、车下共用，双发动机分为车上、车下共用两台发动机和车上、车下各由一台发动机供给动力。传动箱与发动机配套使用，为车装机提供平稳无冲击的各挡动力。

（3）绞车及附属设备

1）绞车

绞车系统是车装钻修设备作业机构主要系统部件，用于钻修过程中的提升作业。绞车系统主要由绞车架、主滚筒、主滚筒刹车、主滚筒辅助刹车系统、捞砂滚筒、捞砂滚筒刹车、刹车冷却装置、天车防碰机构等组成。

2）主滚筒总成

滚筒主要是通过动力的传递来完成游动系统的起升作业，与动力机组一起安装于载车台面上。动力机组输出的功率经分动箱和角传动箱通过链条传至主滚筒轴，在主滚筒的另一侧，可安装水刹车或辅助刹车，这样就实现了功率的逐步传递，整个绞车系统设置有多种安全保护及辅助操作装置，能够保证作业的安全。

3）刹车

①带式刹车的结构特点：

带式刹车系统是一种机械杠杆式刹车机构，用来制动滚筒，使游车大钩和钻具停止在任意位置。主滚筒刹车系统采用了双杠杆刹车机构，刹带包角340°，刹车力通过拐臂带动曲拐，传给刹带进行滚筒制动。调节装置用来调节刹带活端与连臂、曲拐的相对角度，平衡装置保证两刹带的受力均匀。

②盘式刹车的结构特点：

盘式刹车装置主要由液压控制部分和液压制动两部分组成。液控部分由液压泵站和操纵站组成，它是动力源和动力控制机构，为制动钳提供必需的液压。动力钳是动力执行机构，为主机提供大小可调节的正压力从而达到刹车的目的，制动钳分为工作钳和安全钳。

4）辅助刹车

辅助刹车直接安装在绞车上，是一种通过压缩空气和复位弹簧的作用来驱动摩擦片与淬铜合金板的离合，从而改变制动能力的装置。

5）天车防碰与紧急刹车装置

当游车大钩上升到一定高度时，滚筒上快绳排绳到位，防碰肘阀阀杆被碰斜，使该常闭阀打开，主气通过防碰肘阀进入常闭继气器，并打开常闭继气器，使气包内主气分别进入气动辅助刹车及刹车气缸，气动辅助刹车与刹车气缸同时起作用，进而刹死滚筒。同时另一路控制常开继气器，切断进入司钻阀的进气，从而使滚筒离合器放气，绞车停止转动，达到天车防碰的目的。紧急刹车装置是利用气动辅助刹车的制动机构及主刹车气缸同时作用，由司钻人为控制绞车刹车。

（4）井架系统

常规修井机井架为双节套装前倾式伸缩井架，井架伸缩用两个伸缩油缸来完成，通过两级扶正机构保证井架伸缩时的稳定性。井架的立起和放倒由连接在运载车大梁和井架下体上的两个起升油缸来完成。井架与运载车后支架采用铰支座连接，通过调整 Y 形支架和车架之间的丝杠来改变井架的倾角，保证大钩与井口的对中，在正常工作状态下，井架的倾角为 3°~3.5°。

（5）传动系统

修井机的动力传动系统把发动机的能量传递和分配给各工作机，实现修井机的移运和修井作业。传动箱体是修井机的动力传动系统的核心部件，是各工作机动力传递的纽带，满足各工作机所要求的扭矩及转速范围。

（6）液压系统

液压系统包括主液压系统和转向液压系统，液压系统主要用于修井机行驶中的转向助力，安装调试中的车架升降调平、井架的起降伸缩，修井作业中的井口液压机具应用控制等。

（7）气路系统

气路系统配置双安全阀（设定压力为 1.05MPa）及超压自动排气、排水开关，为整个系统进行蓄能，以保障为整机气路系统和发动机启动提供压力源。

（8）电气系统

电气系统包括作业机行驶照明系统和作业照明系统，作业机行驶照明系统采用 24V 或 12V 直流电，电源来自蓄电池和发动机驱动的硅整流发电机。作业照明系统由外接交流电源供电，并采用专用防爆控制箱进行集中控制。

（9）游车大钩

游车大钩既是修井机游动系统的主要装备，又是连接旋转系统水龙头的纽带。游车大钩是由游动滑车和大钩两部分组成一体的形式，钩筒上装有制动装置，可以实现钩体360°的旋转和钩体在圆周八个方向的任一位置定位锁紧。钩体的主钩口安装有安全锁紧机构，从而确保水龙头提环和吊环在冲击和震动时不会自动脱开。

（二）履带式通井作业机

1. 用途

①作业时起下油管、抽油杆、深井油泵等；

②试油时进行油井抽汲作业；

③清理油井时用于升降捞砂筒、起下堵塞器及打捞井底落物；

④进行井口安装及起重等辅助工作；

⑤可代替拖拉机从事一般的牵引作业。

2.履带式通井机的基本结构组成及技术参数：（以 XT-12 型为例，见表 2-1-1）

通井机主要由动力装置、传动装置、行走装置、工作装置和其他附属装置组成，常用履带式通井机主要技术参数，见表 2-1-1。

表 2-1-1 常用履带式通井机主要技术参数

项目	AT-10 型	XT-12 型	XT15 型
柴油发动机型号	6135AK-4	6135AK-6	6135AK-8
滚筒长度 /mm	910	900	920
滚筒直径 /mm	350	360	380
钢丝绳最大拉力 /kN	100	120	150
滚筒钢丝绳容量	$\phi22mm \times 2800mm$	$\phi22mm \times 3000mm$	$\phi22mm \times 3000mm$
刹车毂直径 /mm× 个数	1080×2	1072×2	1080×2
刹车带宽 /mm× 数量	195×2	180×2	195×2
猫头数 / 个	1	1	1
油箱容积 /L	290	280	300
外形尺寸（长宽高）/mm	$6015 \times 2680 \times 3250$	$5970 \times 2456 \times 3080$	$5970 \times 2470 \times 3110$
总质量 /kg	18280	17700	17900

3.履带式通井机底盘结构组成

（1）离合器

离合器能够切断发动机曲轴传给传动系统的动力，减少变速箱换挡时的冲击，使发动机曲轴与传动系统平顺接合，启动时减少传动系统的冲击，防止传动系统过载。

（2）变速箱

变速箱能使通井机实现前进或后退，并能改变通井机的牵引力和行驶速度，有四个前进挡位及四个倒退挡位。

（3）中央传动

中央传动是位于变速箱与转向离合器之间的传动装置，为两轴互相垂直相间交错的一对螺旋伞齿轮，用以改变运动方向和所传递的扭矩。

（4）转向离合器与操纵机构

通井机装有两个转向离合器部件，发动机的动力通过主离合器、变速箱和中央传动传给转向离合器，分别实现向左转或向右转两种运动。

（5）制动器

制动器的两端借助拉臂轴与双头拉臂连接，并通过拉臂轴浮支在制动带架上，制动时，依据外毂旋转方向的不同，一个拉臂轴靠在支架上成为支点，另一个拉臂轴离开制动带支架浮起，随双头拉臂摆动成为收紧状态而制动。

（6）最终传动装置

最终传动装置结构位于后桥箱的左右两侧，其用途是再次增加传动系的传动比，降低传动系的转速并将动力传给驱动轮。

（7）行走系统

履带式通井机的行走系统是由左右台车、加宽履带板的左右履带总成及平衡梁悬架组成。台车前部通过平衡装置支持着车架以及安装在其上的发动机和传动装置，台车后部与最终传动的半轴铰接。台车可以绕半轴作角度不大的上下摆动，以适应高低不平的地面。

（8）电气系统

电气系统由作业机行驶照明系统和作业照明系统组成，主要包括发动机的启动信号、底盘各部分监控仪表的灯光信号、行驶时的各种灯光等。作业机行驶照明系统采用24V DC，电源来自蓄电池和由发动机驱动的硅整流发电机。

4. 履带式通井机作业装置功能及结构

（1）变速箱

变速箱的功能与结构：变速箱安装在后桥箱的后平面上，它能改变通井机滚筒绳的拉力和速度，并能改变滚筒旋转方向。

变速箱的传动：底盘行走变速箱上轴，由链条连接到通井变速箱第一轴，再通过一对齿轮将动力传到小伞齿轮，小伞齿轮通过大伞齿轮将动力传至第三轴，第三轴上装有一、二、三、四速（反、正转）主动齿轮。通过上述齿轮分别将动力传至第四轴上的各速被动齿轮，再经齿轮将动力传至第五轴，由齿轮将动力传至输出轴，由齿轮将动力输出，传至大齿圈，带动滚筒工作。

（2）绞车滚筒及离合器

绞车滚筒：绞车滚筒体是由滚筒、左轮毂、右轮毂焊接而成，都是铸钢件，强度高。左、右两个制动毂是用螺栓连接在滚筒体上，便于维修，并且在制动毂磨损后，可以单独更换制动毂，而滚筒体可继续使用。

绞车滚筒刹车：常规刹车为带式摩擦片刹车，有左、右两个刹车毂，刹车装置为液压助力机械混合式，此外还备有死刹车装置，刹车操纵手柄设在驾驶室内，操作方便。

绞车滚筒离合器：滚筒离合器为气动隔膜推盘式离合器，离合器主动盘安装在滚筒轴上，其从动部分装在左刹车毂上，当离合器结合时，带动滚筒工作。

（3）滚筒换向及变速箱操纵装置

变速箱操纵设有四个操纵杆，一个是正、反转操纵杆；一个是高、低速杆；一个是一、二挡变速操纵杆；一个是三、四挡变速操纵杆。在变速操纵机构中，设有拖拉机主离合器联锁装置，这一装置使主离合器结合时，变速箱不能挂挡。

（4）联锁机构

主离合器处于分离位置时，方能拨动拨叉轴，锁定销端部能进入锁定轴的"r"形槽内，方可变速或换向。当主离合器结合时锁定轴的"r"形槽转离锁定销端部，拨叉轴被锁住，此时不能变速或换向，这就是联锁机构正常工作的作用。

二 井口装置

安装在井口，将悬挂套管、油管，并密封油管与套管及各层套管环形空间的装置统称为井口装置。主要由套管头、油管头、采油（气）树等组成。（见图2-1-1、图2-1-2、图2-1-3）

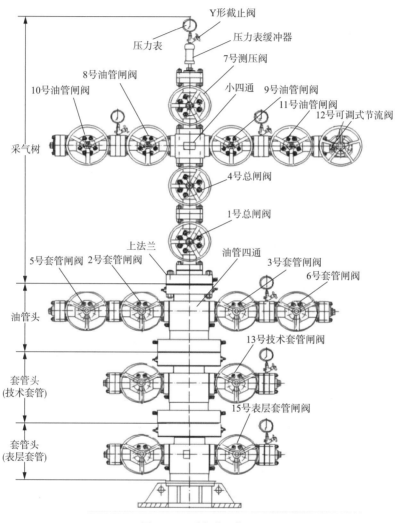

图 2-1-1　采气井口装置

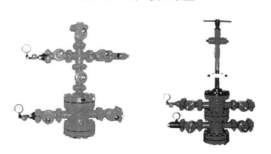

图 2-1-2　电潜泵采油井口　　图 2-1-3　偏心采油井口

（一）结构原理

1. 套管头

套管下到井内，下部用水泥固定，上部支撑采气井口，并将几层套管相互隔开的部分称为套管头。套管头一般可分为两种。

（1）标准套管头

标准套管头如图 2-1-4 所示。外层套管用螺纹和本体连接，内层套管悬挂在套管悬挂器上，两层套管之间由悬挂器上面的密封填料密封。套管之间如固井质量不佳窜气时，可通过压力表观察压力并由闸阀排放泄压。

（2）简易套管头

简易套管头有多种形式，如图 2-1-5、图 2-1-6、图 2-1-7 所示，套管和套管之间的环形空间用钢板密封或用卡瓦密封。如套管之间有窜气，可通过闸阀泄压。

悬挂器与下部套管连接，共同悬挂在标准套管头上，套管受热膨胀或受冷收缩时可以伸缩；而简易套管头两端用螺纹连接不能自由伸缩，因此易在套管本体和螺纹上形成应力，使套管破裂造成窜气。

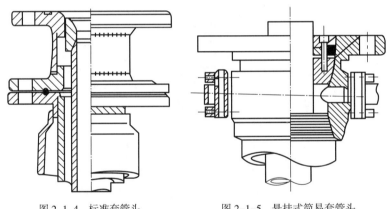

图 2-1-4 标准套管头　　　　　图 2-1-5 悬挂式简易套管头

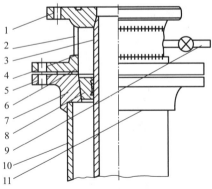

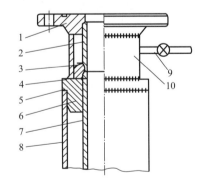

图 2-1-6 悬挂卡瓦式简易套管头　　　　　图 2-1-7 悬挂两瓣卡瓦式简易套管头

1—井口法兰；2—加固短节；3—内套管；4—焊接处；5—密封圈；
6—上底法兰；7—下底法兰；8—内卡瓦；
9—放气口；10—外套管；11—焊接处

1—井口法兰；2—哈夫套管短节；3—套管接箍；
4、5—电焊处；6—哈夫法兰；7—内套管；
8—外套管；9—放气口；10—加固短节

2. 油管头

油管头是用来悬挂油管和密封油管与套管之间的环形空间。油管头的结构有锥座式和直座式两种。

（1）锥座式油管头

如图 2-1-8 所示，锥座式油管头由 10 个部分组成。锥管挂是一个锥体，外面有三道密封圈，锥管挂挂座在大四通的内锥面上，在油管自重作用下密封圈和内锥面密合，隔断了油管和套管之间的环形空间。顶丝顶住锥管挂的上斜面，以防止在上顶力的作用下油管悬挂器位移。锥座式堵塞器投入油管通道后即可更换总闸阀；如卸掉上法兰以上部分，装上不压井起下钻装置即可起出油管。

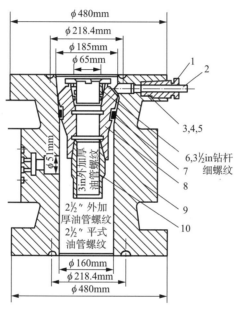

图 2-1-8　锥座式油管头
1—压帽；2—顶丝；3、4、5—密封圈座；
6—护丝；7—O形密封圈；8—油管柱；
9—大四通；10—油管接头

锥座式油管头的缺点是锥面密封压得很紧，上提油管时需较大的上提力，易造成密封圈损坏。为克服这些缺点，目前设计的采气井口多采用直座式油管头。

（2）直座式油管头

如图 2-1-9 所示，直座式油管头由 12 个部件组成。油管悬挂器和上法兰的孔之间装有两道复合式自封密封填料。上法兰有小孔与油管悬挂器上部环形空间连通，通过此孔可以测出环形空间的压力，以了解油管悬挂器密封圈和油管悬挂器上的复合式密封圈的密封是否良好。直座式油管头的油管悬挂器和大四通两侧的侧翼阀孔道中，设计有安装堵塞器的座子，可送入堵塞器堵塞油管或侧翼阀孔道，在不压井的情况下更换总闸阀或套管闸阀。

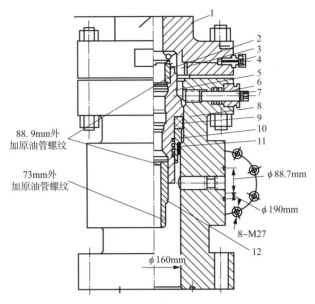

图 2-1-9　直座式油管头

1—上法兰；2—护丝；3—自封密封填料；
4—测压接头；5—油管悬挂器；6—压帽；
7—顶丝；8—大四通；9—密封圈；
6~10—金属托圈；11—圆螺母；12—油管短节

3. 采气树

采气树是安装在油管头装置上面的设备，主要作用是用来控制井口压力和调节油（气）流量，并把油（气）诱导到输油（输气）管道中去，可用来关闭油气井、进行油气井酸化压裂及清蜡等作业。

采气树主要由总闸阀、小四通、生产闸阀、节流阀、测试闸阀、压力表缓冲器等组成。

总闸阀：安装在上法兰上，是控制气井的最后一个闸阀，处于常开状态，紧急状况下关闭此闸阀控制井口。总闸阀一般安装两个以确保安全。

小四通：安装在总闸阀上面，通过小四通可进行采气、放喷或压井等作业。

生产闸阀：当气井用油管采气时，用来开关气井。

节流阀（针形阀）：用于调节气井的生产压力和气量。

测试闸阀：通过测试闸阀可使气井在不停产的情况下，进行下井底压力计测压、测温、取样作业。其上部接压力表可观察采气时的油管压力。

压力表缓冲器：装在压力表截止阀和压力表之间，内装隔离液，隔离液对压力表启停起压力缓冲作用，以防止压力表突然受压损坏。在含硫气井中，隔离液能防止硫化氢进入压力表造成压力表的腐蚀。

（二）规格型号

常规采气井口装置的主要参数见表 2-1-2。

表 2-1-2 常规采气井口装置的主要参数

参数 \ 型号	KQ78/65-70	KQ78/65-105
工作压力 /MPa	70	105
主通径 / 侧通径 /mm	78/65	78/65
规范级别	PSL1-3	PSL1-3
工作温度 /℃	−29~121℃（P、U）	−29~121℃（P、U）
连接形式	法兰连接	法兰连接
材料级别	DD、EE、FF、HH	DD、EE、FF、HH
型号中 KQ：代表采气井口装置		

（三）操作与维护保养

1. 采气树安装操作（以 KQ78/65-105 采气树为例）

①清洗：

a. 用柴油清洗油管头四通法兰、钢圈槽、钢圈、螺栓并用棉纱擦拭干净；

b. 用柴油清洗采气树法兰钢圈槽、金属密封面，并用棉纱擦拭干净。

②检查：

a. 检查钢圈槽、钢圈、螺栓、金属密封面无损伤；

b. 检查采气树金属密封面有无毛刺，若有毛刺用细砂打磨光整，并均匀涂抹黄油，再用条纹布包裹采气树下法兰。

③装钢圈：在油管头上法兰钢圈槽内涂抹适量黄油，将钢圈轻放入内，建议检查到位后，盖住井口，防止落物掉入井内。

④装螺栓：将螺杆全部穿入油管头四通法兰，螺杆下部装上螺母。

⑤吊装采气树：

a. 将采气树竖立放在井口附近 3~5m，底座用枕木垫实；

b. 将符合要求的钢丝绳套挂在采气树两翼内法兰上和游动滑车大钩上，用 2 根钢丝绳套挂在采气树两翼外法兰上和 25T 吊车大钩上；

c. 吊车绷紧采气树，游动滑车缓慢上提；

d. 待采气树离开地面，游动滑车继续缓慢上提，同时吊车缓慢放绳，平稳地将采气树送往井口；

e. 用 2 根 ϕ10mm 长 10m 的棕绳，牵引采气树两翼，防止左右摆动。

⑥下放采气树：游动滑车缓慢下放采气树，离井口 20cm 时取下井口盖板，解开条纹

布，使采气树螺孔对正油管头四通螺杆，继续缓慢平稳下放，穿过螺孔，确认钢圈入槽后下放到位，装好螺母。

⑦紧固：用80mm敲击扳手将螺栓对角上紧，保证螺栓两端出扣2~3扣，再用液压扳手对角拧紧后逐一拧紧螺栓。

⑧检查：用塞尺检查油管头四通法兰与采气树法兰间隙，确保一致。

⑨回收工具、物资，进行保养，摆放到位、清洁场地。

⑩填写维护保养记录，注明消耗材料的规格、型号、数量，要准确、详细、工整。

2. 采气树拆卸操作

①检查：

a. 检查井口油压、套压压力情况，确定压力归零井口不溢不漏；

b. 含硫气井压井后必须检测采气树通道内无残留硫化氢气体。

②拆连接管线：

a. 用41mm敲击扳手将两翼油压法兰管线螺栓依次拆卸；

b. 将卸下的连接管段吊装至备用材料区域摆放整齐，钢圈槽的一面侧面摆放；

c. 清理检查管线、钢圈槽、螺栓、密封面有无损伤并均匀涂抹黄油，包扎防潮布，盖上防雨布。

③拆采气树：

a. 拆卸采气树上压力表、缓冲器、闸阀手轮等附件；

b. 将符合要求的钢丝绳套挂在采气树两翼内法兰上和游动滑车大钩上，缓慢上提游动滑车大钩至钢丝绳承受负荷；

c. 用80mm敲击扳手依次将上法兰连接螺栓进行拆卸。

④吊采气树：

a. 将1根符合要求的钢丝绳套分别挂在采气树1号主阀上法兰和25t吊车大钩上。游动滑车缓慢上提至采气树上法兰连接螺杆脱离油管头法兰面；

b. 待采气树离开井口，吊车继续缓慢上提，同时游动滑车缓慢放绳，平稳地将采气树移送出井口区域。

⑤摆放到位：用3根钢丝绳将采气树两翼及1号主阀套挂，预定区域铺设枕木，用吊车将采气树吊运至预定采气树区域水平放置。

⑥清理检查：清理、检查采气树钢圈槽、密封面并均匀涂抹黄油，法兰面套上防潮布，采气树上盖防雨布。

⑦回收工具、物资，进行保养，摆放到位、清洁场地。

⑧填写维护保养记录，注明消耗材料的规格、型号、数量，要准确、详细、工整。

常规采气井口装置装/卸部位参数见表2-1-3。

表 2-1-3　常规采气井口装置装 / 卸部位参数表

连接部位	油管头上部与采气树上法兰		可调式节流阀与法兰管段（油压管线）		套管闸阀与法兰管段（套压管线）		测试闸阀与丝扣法兰片	
类型	78/65–105	78/65–70	78/65–105	78/65–70	78/65–105	78/65–70	78/65–105	78/65–70
法兰型号	28–105	28–70	65–105	65–70	65–105	65–70	78–105	78–70
垫环	BX158	BX158	BX153	BX153	BX153	BX153	BX154	BX154
双头螺栓	M52×495	M45×385	M27×185	M22×160	M27×185	M22×160	M30×210	M27×170
敲击扳手	80mm	70mm	41mm	34mm	41mm	34mm	46mm	41mm

3. 采气树维护保养要求

①安装采气树前，应洗净油管悬挂器密封部位并涂抹黄油，若有毛刺应打磨光整。

②定期紧固各连接部位螺栓，保证采气树无泄漏。

③定期进行清洁维护，保持采气树外表清洁无锈蚀，压力表表盘清洁，采气树外表有掉漆现象时，应及时补漆。

④每周进行一次检查，检查项目包括：阀杆应均匀涂抹黄油、无锈蚀，若有锈蚀必须除锈并补刷防锈漆；护罩齐全、闸阀注脂孔完好、采气树附件齐全完好。

⑤半月必须进行一次闸阀丝杆及外露螺栓抹黄油，对所有闸阀进行注脂保养。

⑥施工前必须对所有闸阀进行一次开关，确保其开关灵活；对所有闸阀的注脂孔进行检查、注脂。

⑦设备安装前或使用后要定期检查钢圈槽，发现毛刺应抛光，并涂抹黄油。

⑧钢圈使用一次后必须进行更换。

⑨连接时须采用对角连接的方式紧固螺栓。

⑩试压合格后，清除积水，使闸阀呈关闭状态，并向轴承座内注满黄油。

⑪安装主副密封圈和钢圈时，须清洁法兰内腔和钢圈槽，并涂抹黄油。

⑫通常状态下，采气树上部四通的两个平板阀处于全开状态，测试闸阀处于全关状态。

4. 操作使用技术要求

①带省力机构的闸阀开启关闭到位时须回转 1~2 圈，不带省力机构的闸阀开启关闭到位时须回转 1/4~1/2 圈。

②禁止半开半关，只能全开全关。

③当闸阀关闭不严时，需在闸阀底部的注脂孔向闸阀内腔加注密封脂。

④当闸阀阀杆冒气泡时，表明该闸阀有渗漏，此时需更换盘根或紧固盘根压帽。

⑤主、副金属密封面的密封部位严禁碰撞，若碰伤密封面必须更换。

⑥起下油管时井口必须安装防磨套，避免损伤金属主密封面。

（四）安全注意事项

①含硫油气井采气树闸阀解体检修前需提前做好防硫化氢措施。

②严禁带压更换各组件。

③操作闸阀不便时应搭设操作架（台），操作人员应站在闸阀的侧面。

④压裂施工前采气树四角必须进行硬支撑固定。

⑤采气树安装试压完成后，需再次对连接螺栓进行检查紧固。

⑥吊装前做好 JSA 分析、开具吊装作业票据，吊装过程中严格执行吊装相关操作规程，专人指挥、专人监护。

三　捕屑器

捕屑器是用于井场采油、采气、钻井、测试过程中，进行流体中砂粒、岩屑等固体物质收集的专用设备。如图 2-1-10 所示。

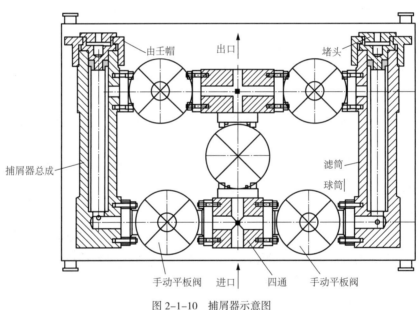

图 2-1-10　捕屑器示意图

（一）结构原理

捕屑器由本体、滤筒、闸阀、由壬帽、堵头、连接四通等组成。滤筒装于捕屑器本体之内，现有的滤筒孔径有 3mm、4mm、5mm 和 8mm。捕屑器安装在地面流程高压管汇和采气树之间，井筒流体返出地面后，首先进入滤筒内部，通过内置滤筒拦截井筒流体带出的桥塞碎屑、岩屑、射孔残渣等固体物质，经滤筒过滤后的流体再从侧面流出，固相物质被过滤筒挡在滤筒内部，实现与流体的分离，避免固相物质大量流入下游，有效防止地面流程油嘴被堵塞或节流阀被刺坏。

（二）规格型号

105MPa 捕屑器主要性能参数见表 2-1-4。

表 2-1-4　105MPa 捕屑器主要性能参数

额定工作压力	产品性能级别	材料级别	温度级别	备注
15000psi（1psi ≈ 689.5Pa，下同）	PR1	EE	P.U（-29~121℃）	

（三）操作与维护保养

在使用前先进行橇装固定，检查本体各部件完整，堵头、由壬帽、各部位螺栓坚固，再进行管路试压，合格后方可投入使用。使用一个滤筒进行滤砂，另一个滤筒备用，工作中密切观察捕屑器上进出口压力表压差，适时进行滤筒转换，关闭滤满砂的滤筒，开启备用滤筒。

1. 安装操作（以 105MPa 捕屑器为例）

①安装位置：井口采气树与一级管汇之间的平整坚硬的水平地面上。

②吊装捕屑器：

a. 用吊车大钩将 4 根符合要求的钢丝绳套挂在捕屑器 4 个吊装位置上；

b. 吊车缓慢平稳上提捕屑器，同时使用撑杆或尾绳牵引捕屑器两端，防止左右摆动，将捕屑器摆放至预定位置处；

c. 就位。到达预定位置，缓慢下放捕屑器，观察、测量捕屑器进口管线高度与油压法兰、除砂器、测试管汇进口法兰高度、角度一致，缓慢下放到位。

③清洗、检查：

a. 采用柴油清洗法兰管线、捕屑器连接法兰的钢圈槽、钢圈、金属密封面、螺栓等，并用棉纱擦拭干净；

b. 检查确保捕屑器各连接通道无堵塞，若有堵塞及时进行清理。

④装钢圈：向钢圈槽内注入适量黄油，将 BX153 钢圈轻放入内。

⑤装螺杆：将捕屑器的进、出口两端进行法兰连接，缓慢调整高度、找正角度，M27×185 螺杆穿过螺孔，确认钢圈入槽后装好螺母。

⑥紧固：用 41mm 敲击扳手将螺栓以对角方式上紧，保证螺栓两端出扣 2~3 扣。

⑦检查：用塞尺（或目视）检查法兰间隙，确保一致。

⑧水泥基墩固定：采用长大于 0.8m，宽大于 0.6m、下宽 0.8m，深大于 0.8m 的水泥基墩进行固定。

⑨回收工具、物资，进行保养，摆放到位、清洁场地。

⑩填写维护保养记录，注明消耗材料的规格、型号、数量，要准确、详细、工整。

2. 拆卸操作

①检查：

a. 检查井口油压、除砂器进口、捕屑器进出口压力表情况，确定压力归零，通道内无圈闭压力；

b. 含硫气井拆卸前必须检测确保捕屑器通道内无残留硫化氢气体。

②拆连接管线：

a. 用 41mm 敲击扳手依次拆卸进出口法兰管线螺栓；

b. 将卸下的连接管段吊装至备用材料区域摆放整齐，钢圈槽的一面朝向上面或侧面；

c. 清理检查管线钢圈槽、螺栓、密封面无损伤并均匀涂抹黄油，包扎防潮布，盖上防雨布。

③拆卸捕屑器：

a. 拆卸捕屑器上压力表、缓冲器、闸阀手轮、固定压板等附件；

b. 采用吊车将 4 根符合要求的钢丝绳套挂在捕屑器吊装位置上，缓慢上提吊车挂钩。

④摆放到位：用吊车将捕屑器吊运至预定区域水平并摆放在枕木上。

⑤清理检查：清理、检查捕屑器钢圈槽、密封面、截止阀等并均匀涂抹黄油，法兰面套上防潮布，捕屑器上盖防雨布。

⑥回收工具、物资，进行保养，摆放到位、清洁场地。

⑦填写维护保养记录，注明消耗材料的规格、型号、数量，要准确、详细、工整。

常见 105MPa 捕屑器装／卸部位参考见表 2-1-5。

表 2-1-5　常见 105MPa 捕屑器装／卸部位参数表

连接部位	油压管线与捕屑器进口连接转换法兰处	捕屑器出口管线与除砂器进口法兰管段连接
法兰型号	65-105	65-105
垫环	BX153	BX153
螺栓	M27×185	M27×125
敲击扳手	41mm	41mm

3. 维护保养要求

①施工结束后对砂筒及流程用加有防腐剂的清水进行冲洗，以备下层使用。

②施工结束后对捕屑器进行清洗，对所有闸阀维护保养，更换密封件，注密封脂。

（四）安全注意事项

①在开启滤满砂的滤筒之前，务必在做好安全防护的情况下（防硫，防高压），开启滤满砂的滤筒的所有泄压阀。

②待内部压力完全释放完毕后，才能进行排砂工作。

③操作手动闸阀时人员应站在高压通道的侧面。

④敲击压帽时作业人员需佩戴防护眼镜。

⑤捕屑器安装试压完成后，需要再次对连接螺栓进行检查紧固。

⑥吊装前做好 JSA 分析、开具吊装作业票据，吊装过程中严格执行吊装相关操作规程，专人指挥、专人监护。

四　除砂器

除砂器是一种配合地面测试作业使用的设备，适用于压裂后洗井排砂和出砂地层的测试。如图 2-1-11 所示。

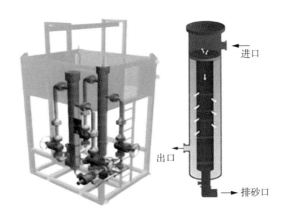

进口

出口

排砂口

图 2-1-11　除砂器示意图

（一）结构原理

以旋流式除砂器为例，旋流式除砂器是利用离心力和重力分离清除固相颗粒。流体进入除砂筒后冲击到挡环上，流体被折射到各个方向，依靠由此产生的离心力和重力，固相颗粒沉淀在滤网的底部。过滤后的流体经过滤网与除砂筒之间的环空排出。此系统利用不同等级的加固滤网过滤固相颗粒。滤网是由不同等级的滤网筒和加固外层复合而成的。滤网放入耐压的工作筒中，能提供更可靠的结构支撑。

（二）规格型号

105MPa 除砂器主要性能参数见表 2-1-6。

表 2-1-6　105MPa 除砂器主要性能参数

额定工作压力 /MPa	最大液流量 / (m³/d)	最大气流量 / (m³/d)	材料级别	温度级别
105	800	150×10^4	EE	P-U

（三）操作与维护保养

1. 安装操作（以 105MPa 除砂器为例）

①安装位置：安装在捕屑器与测试管汇台之间坚硬的水平地面上。

②吊装除砂器：

a. 采用吊车将 4 根钢丝绳套挂在除砂器 4 个吊装位置上；

b. 吊车缓慢上提除砂器离开地面，使用撑杆或尾绳牵引除砂器两端，防止左右摆动，平稳地将除砂器摆放至预定位置处；

c. 就位：到达预定位置，缓慢下放除砂器，观察、测量除砂器进口管线高度、测试管汇进口法兰高度与捕屑器高度、角度一致，缓慢下放到位。

③清洗、检查：

a. 用柴油清洗法兰管线、除砂器连接法兰的钢圈槽、钢圈、金属密封面、螺栓等，并用棉纱擦拭干净；

b. 检查除砂器各连接通道有无堵塞，若有堵塞及时进行清理。

④装钢圈：向钢圈槽内注入适量黄油，将 BX153 钢圈轻放入内。

⑤装螺杆：取下螺帽，将 M27×185 螺杆穿进除砂器进出口连接法兰上。

⑥连接进出口法兰管线：使用吊车将法兰管段平稳吊至与除砂器连接口平齐，缓慢调整高度、角度找正，M27×185 螺杆穿过螺孔，确认钢圈入槽后装好螺母。

⑦紧固：用 41mm 敲击扳手将螺栓以对角方式上紧，保证螺栓两端出扣 2~3 扣。

⑧检查：用塞尺（或目视）检查法兰间隙，确保一致。

⑨回收工具、物资，进行保养，摆放到位、清洁场地。

⑩填写维护保养记录，注明消耗材料的规格、型号、数量，要准确、详细、工整。

2. 拆卸操作

①检查：

a. 检查井口、除砂器进出口压力表情况，确定压力归零，通道内无圈闭压力；

b. 含硫气井拆卸前必须检测除砂器通道内无残留硫化氢气体。

②拆连接管线：

a. 用 41mm 敲击扳手依次拆卸进出口法兰管线螺栓；

b. 将卸下的连接管段吊装至备用材料区域木板上摆放整齐，钢圈槽侧面摆放；

c. 清理检查管线钢圈槽、螺栓、密封面无损伤并均匀涂抹黄油，包扎防潮布，盖上防雨布。

③拆卸除砂器：

a. 拆卸除砂器上压力表、缓冲器、闸阀手轮、固定压板等附件；

b. 采用吊车将 4 根钢丝绳套挂在除砂器吊装位置上，缓慢上提。

④摆放到位：将除砂器水平摆放至预定区域枕木上。

⑤清理检查：清理、检查除砂器钢圈槽、密封面、截止阀等均匀涂抹黄油，法兰面套

上防潮布，除砂器上盖防雨布。

⑥回收工具、物资，进行保养，摆放到位、清洁场地。

⑦填写维护保养记录，注明消耗材料的规格、型号、数量，要准确、详细、工整。

常见 105MPa 除砂器装 / 卸部位参数见表 2-1-7。

表 2-1-7　常见 105MPa 除砂器装 / 卸部位参数表

连接部位	捕屑器与除砂器进口连接转换法兰连接处	除砂器出口管线与管汇台进口法兰管段转换法兰连接处
法兰型号	65-105	65-105
垫环	BX153	BX153
螺栓	M27×185	M27×185
敲击扳手	41mm	41mm

3. 使用技术要求

①洗井初期使用 200μm 滤网，充分洗井后则使用 100μm 滤网。对于使用支撑剂的压裂后排砂通常使用 200μm 滤网。

②如果出砂量非常大，如压裂后排砂，滤网底部不要装丝堵及密封圈，使用砂筒底部可调油嘴排砂至放喷池。

③设备安装前应测量易冲蚀点的壁厚，且在测试过程中定期测量一次壁厚，检查冲蚀情况。

④如果滤网底部装上丝堵，不要装 O 形圈。

⑤除砂筒的上盖严禁涂黄油，因是金属密封，黄油会黏住坚硬的颗粒损伤金属密封面。

⑥每 4h 提出滤网一次，检查滤网损坏情况；检查除砂筒内部冲蚀情况。

⑦使用时一个砂筒工作，另一个备用，工作筒装满砂后，倒换使用备用筒，保证工作的连续性。

⑧如压差突然下降，表明滤网损坏，应立即倒换备用筒除砂。

⑨工作结束后应用清水清洗（砂子），防止砂子或支撑剂沉淀在死角区域。

⑩洗井初期要特别注意压差，因井里的黄油或丝扣油会堵住滤网，需将滤网从砂筒内取出后用高压蒸汽清洗滤网。

⑪如流体中有硫化氢气体，作业人员对除砂器的任何操作都应使用正压式空气呼吸器。

4. 流体走工作筒

①开始工作前应根据产量和预期的黏度确认合适的滤网尺寸。

②确保每个砂筒与压差表连接管线在导通状态，与泄压孔相连的管线在隔离状态。

③工作砂筒内缓慢充压，直至与管线内压力相同。

④开启入口上游闸阀。

⑤开启入口下游闸阀。

⑥开启出口上游闸阀。

⑦开启出口下游闸阀。

⑧开启压差表的隔离针形阀，读取压差读数。

⑨缓慢关闭旁通阀，不推荐洗井期间再开此闸阀，以防止砂堵。

⑩记录压差表上的读数，因在初洗井阶段，压差取决于气产量和流体的组成部分。

⑪压差的增加表明砂子在滤网内聚集，需倒换流体走备用筒。

5. 流体从工作筒导到备用筒

①备用砂筒内缓慢充压，直至与管线内压力相同。

②开启备用筒入口上游闸阀。

③开启备用筒入口下游闸阀。

④开启备用筒出口上游闸阀。

⑤开启备用筒出口下游闸阀。

⑥关闭工作筒出口上游闸阀。

⑦关闭工作筒出口下游闸阀。

⑧关闭工作筒入口下游闸阀。

⑨关闭工作筒入口上游闸阀。

⑩从现在开始工作筒变备用筒，备用筒变工作筒。

⑪关闭的闸阀上注入密封脂。

⑫通过泄压孔泄压。

⑬打开砂筒盖，提出滤网，除去砂子，清洗砂筒。

⑭除去滤网中的砂子，并对样品进行称重。

⑮安装清洁的滤网，重新安装砂筒盖。

⑯关闭泄压孔。

⑰砂筒充压至管线压力。

⑱如发现泄漏，泄压并进行整改。

⑲任何时候都要打开平衡管线，直至使用备用筒，严禁让砂筒憋压。

6. 备用砂筒排砂

①砂筒上下游的闸阀关闭隔离砂筒后，开启泄压针形阀，先开上游阀，再开下游阀。

②砂筒内压力完全泄掉后，手动铰链连接到砂筒压帽上。

③砂筒上的螺丝松开几扣，用手动铰链绷紧。

④轻轻增大手动铰链的上提力，直至压帽向上运动且O形密封圈失封，为让压帽自由活动可采用敲打的办法。

⑤O形密封圈失封后，继续卸螺丝，直至可以自由活动。

⑥打开砂筒压帽，取走手动铰链吊带。

⑦取出滤网止退环。

⑧手动铰链吊带连接到滤网提升把手，上提滤网，提升过程中检查滤网无裂开或裂纹

的地方。

⑨如砂子较多，可用米尺测量高度，估算重量；如砂子较少，可将砂子倒入筒中，然后称重。

⑩滤网由砂筒中完全提出，取走滤网底部丝堵，将砂子倒入砂筒，使用砂筒的冲水排砂系统将这部分砂子冲走。

⑪取走滤网底部丝堵，通过漏斗倒入至排放管线中。

⑫取走滤网底部丝堵，将砂子倒入筒中称重。

⑬排污管线的丝堵应取走，收集到的液体都应做环保处理，收集到的砂子都应收集起来并称重，计入上面的砂子重量中。

⑭倒空的滤网应内外仔细清洗，并目测检查内部无裂纹等问题。

⑮将底部丝堵装回滤网，将滤网装回砂筒中，装上排污管线的丝堵。

⑯安装滤网止退环；确保止退环安装正确，孔和砂筒入口对齐。

⑰手动铰链吊带连到砂筒压帽上，将压帽装到砂筒上。

⑱对齐压帽，用榔头敲击压帽，避免夹伤密封圈。

⑲顺时针方向上紧螺帽，注意需对角上紧，边紧边敲击压帽，直至紧到位。

⑳关闭泄压阀，取走手动铰链的吊带，给砂筒充压。

7. 维护保养要求

①施工结束后对砂筒及流程用加有防腐剂的清水进行冲洗，以备下层使用。

②施工结束后对除砂器进行清洗，对所有闸阀维护保养，更换密封件，注入密封脂。

（四）安全注意事项

①过量出砂和出液会导致高压差，损坏滤网，应快速倒换砂筒以确保施工安全。

②当滤网压差达到 2.5MPa 必须倒换砂筒，滤网排砂，否则会损坏滤网。

③操作手动闸阀时人员应站在高压通道的侧面。

④敲击时必须佩戴护目镜。

⑤除砂器安装试压完成后，需要再次对连接螺栓进行检查紧固。

⑥吊装前做好 JSA 分析、开具吊装作业票据，吊装过程中严格执行吊装相关操作规程，专人指挥、专人监护。

五　测试管汇台

测试管汇台是由多个闸阀和管汇四通等组合体形成的对地层流体节流控压的装置。如图 2-1-12 所示。

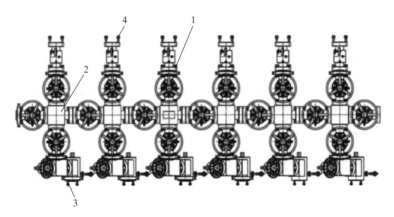

图 2-1-12　管汇台示意图

1—手动平板阀；2—管汇四通；3—固定式节流阀；4—测温测压套

（一）结构原理

测试管汇台主要由闸阀、管汇四通、测温测压套、固定式节流阀等组成。

闸阀：用于控制流经管汇通道流体，通过打开／截断实现流体控制。

管汇四通：利用四通将闸阀连接起来形成管汇组，可实现通道倒换。

测温测压套：安装在管汇上游／下游处，用于安装压力表和温度计，实时监测管道内压力、温度。

固定式节流阀：用于安装不同尺寸孔径的标准油嘴，对地层流体进行节流放喷。

（二）规格型号

常见测试管汇台的主要参数见表 2-1-8。

表 2-1-8　常见测试管汇台的主要参数

型号参数	65-60	65-70	65-105
工作压力 /MPa	60	70	105
通径 /mm	65	65	65
规范级别	PSL1-3	PSL1-3	PSL1-3
工作温度 /℃	−29~121℃	−29~121℃	−29~121℃
连接形式	法兰连接	法兰连接	法兰连接
材料级别	DD EE、HH、FF	DD EE、HH、FF	DD EE、HH、FF

（三）操作与维护保养

1. 安装操作（以 KQ65-105 测试管汇台为例）

①安装位置：安装在距井口 10m 以外平整的水平面上。

②吊装管汇台：

a. 采用吊车将 4 根符合要求的钢丝绳套挂在管汇台 4 个吊装位置上。

b. 吊车缓慢上提管汇台离开地面，同时使用撑杆或尾绳牵引管汇台两端，防止左右摆动，平稳地将管汇台摆放在预定位置处。

c. 就位：缓慢下放管汇台，观察、测量管汇台进口管线高度、油压管线进口法兰高度与除砂器高度、角度一致，缓慢下放到位。

③清洗检查：

a. 用柴油清洗、检查法兰管线、管汇台连接法兰钢圈槽、钢圈、金属密封面、螺栓并用棉纱擦拭干净；

b. 检查管汇台各连接通道有无堵塞，若有堵塞及时进行清理。

④装钢圈：向钢圈槽内注入适量黄油，将 BX153 钢圈轻放入内。

⑤装螺杆：取下螺帽，将 M27×185 螺杆穿进管汇台进出口连接法兰上。

⑥连接进出口法兰件：使用吊车将法兰件平吊至与管汇台连接口平齐，缓慢调整高度、找正角度，螺杆穿过螺孔，确认钢圈入槽后装好螺母。

⑦紧固：用 41mm 敲击扳手将螺栓对角上紧，保证螺栓两端出扣 2~3 扣。

⑧检查：用塞尺（或目视）检查法兰间隙，确保一致。

⑨水泥基墩固定：采用长大于 0.8m，宽大于 0.6m、下宽 0.8m，深大于 0.8m 水泥基墩固定。

⑩回收工具、物资，进行保养，摆放到位、清洁场地。

⑪填写维护保养记录，注明消耗材料的规格、型号、数量，要准确、详细、工整。

2. 拆卸操作

①检查：

a. 检查井口管汇台进出口压力表压力归零，管汇台无圈闭压力；

b. 含硫气井拆卸前必须检测管汇台通道内无残留硫化氢气体。

②拆连接管线：

a. 用 41mm 敲击扳手依次拆卸进出口法兰管线螺栓；

b. 用吊车将卸下的连接管段摆放至备用材料区域木板上，钢圈槽侧面摆放；

c. 清理检查管线钢圈槽、螺栓、密封面有无损伤并均匀涂抹黄油，包扎防潮布，盖上防雨布。

③拆卸管汇台：

a. 拆卸管汇台上压力表、缓冲器、闸阀手轮、固定压板等附件；

b. 采吊车将 4 根符合要求的钢丝绳套挂在管汇台吊装位置上，缓慢上提吊车。

④摆放到位：用吊车将卸下的管汇台摆放至备用材料区域。

⑤清理检查：清理、检查管汇台钢圈槽、密封面、截止阀等并均匀涂抹黄油，法兰面套上防潮布，管汇台上盖防雨布。

⑥回收工具、物资，进行保养，摆放到位、清洁场地。

⑦填写维护保养记录，注明消耗材料的规格、型号、数量，要准确、详细、工整。

常见测试管汇台装／卸部位参数见表2-1-9。

表2-1-9　常见测试管汇台装／卸部位参数

连接部位	闸阀与四通连接		闸阀与油嘴套连接		测温测压套与法兰管段连接	
类型	65-105	65-70	65-105	65-70	65-105	65-70
法兰型号	65-105	65-70	65-105	65-70	65-105	65-70
垫环	BX153	BX153	BX153	BX153	BX153	BX153
双头螺栓	M27×185	M22×160	M27×185	M22×160	M27×185	M22×160
敲击扳手	41mm	34mm	41mm	34mm	41mm	34mm

3. 使用技术要求

①管汇台安装完毕，使用前应严格按规定试压，并详细填写试压记录，合格后方可投入使用。

②使用时应在管汇台合适的位置安装压力表。

③管汇台操作开启时，应先开闸阀，再开针形阀；关闭时，先关针形阀，后关闸阀。闸阀开启、关闭到位时，应回旋手轮1/4~1/2圈。

④管汇台上各闸阀应挂工作状态时的开关标识牌，防止误操作。

⑤管汇台上的闸阀禁止半开半关，只能全开全关，以防闸阀过早损坏。

⑥严禁带压更换管汇台各组件。

⑦安装管汇台压力表量程应选择其工作压力占压力表量程的1/3~2/3为最佳。

4. 维护保养要求

①管汇台的螺栓、丝杆、法兰端口、钢圈槽等应涂抹黄油，以防锈蚀影响性能和操作；对需要加注密封脂、黄油的要进行补注，密封圈有损坏的应及时更换；对未安装压力表的截止阀要涂抹黄油在丝扣处，并用防潮布捆绑，防止雨水锈蚀。

②各法兰连接处做好防护措施，避免雨水锈蚀。

③施工前必须对所有闸阀进行一次开关，确保其开关灵活；对所有闸阀的注脂孔进行检查、注脂。

④施工完毕后用清水对闸阀进行清洗，并检查油嘴套内油嘴已取下。

⑤施工停待时，须将部分关键部位（如油嘴丝扣、堵头）拆卸下来分开保养后进行分类保管，在使用前再进行安装。

⑥管汇台连接时必须保证连接密封性能良好，无泄漏。

⑦严禁带压进行保养及维修。

（四）安全注意事项

①施工过程中严格按照操作规程进行，严禁超压。

②敲击法兰件连接螺栓时需按规定佩戴防护眼镜。

③更换油嘴时人员应站在丝堵侧面进行拆卸、安装操作，防止人员受伤。

④油嘴套内结冰严重堵塞时，更换油嘴需待化霜后操作，防止内部圈闭压力。

⑤地层出砂的井油嘴检查时间应适当加密，防止刺穿油嘴套及丝堵。

⑥人员操作闸阀时应注意站在高压通道侧面。

⑦管汇台使用期间除必要的施工操作人员外其余人员应远离高压区 10m 以外，并设置危险警戒区域。

⑧含硫油气井测试施工时应开启管汇区防爆风扇，防止有毒有害气体聚集。

⑨含硫气井测试施工期间进入管汇区域应佩戴正压式空气呼吸器。

⑩管汇使用完毕后应用清水 / 氮气对其内部进行吹扫，防止管汇内部堵塞。

⑪管汇台安装试压完成后，需要再次对连接螺栓进行检查紧固。

⑫吊装前做好 JSA 分析、开具吊装作业票据，吊装过程中严格执行吊装相关操作规程，专人指挥、专人监护。

六 密闭试气装置

海相含硫气井地层压力高、温度高、埋藏深，采用目前的测试地面流程及配套测试工艺技术已无法满足现场安全环保测试的施工要求，人口稠密区域测试放喷过程中返排液含硫化氢气体、残酸，燃烧时产生酸雾、酸味、H$_2$S 易扩散等可能引起安全环保事故。而密闭试气装置是解决含硫井试气地面控制系统及配套安全控制技术，以及现场测试安全环保关键问题的重要手段。

（一）含硫气井密闭测试地面控制系统

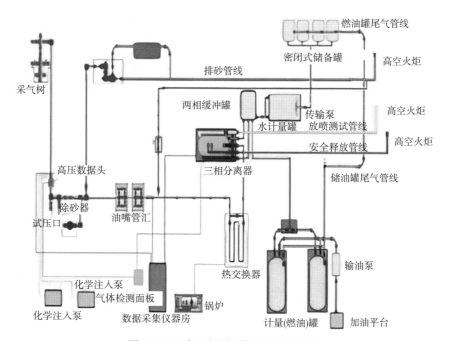

图 2-1-13　高压含硫气井测试流程示意图

针对含硫气井密闭测试地面控制系统在现有测试地面流程的基础上，需要增配设备：PLC 自动控制系统（包含软件、微机配套）、注入及混合搅拌系统、密闭储存罐、缓冲罐、中和除硫装置、消泡剂装置、液碱剂装置、自动化 H_2S 及 pH 值监测仪器、数据传输系统等。

1. 多级节流控压系统

基本配置：根据含硫气井最大关井压力 46~64MPa，按照 Q/SH 0022—2013 标准要求，选择"105MPa + 70MPa"二级节流 EE 级抗硫管汇，若需进行超高压酸压，地面流程中一级管汇可配置为 140MPa 管汇。同时考虑双向放喷、分离计量（卧式分离器）、保温（热交换器、锅炉）、正反循环压井（节流压井系统）等功能，管汇按照一级六翼、二级七翼的要求配置。

考虑地面流程在高压流体下受地层返吐固相颗粒刺蚀的可能，可增加动力油嘴、耐刺油嘴等部件。

通过多级控压系统两级节流，实现高压混合流体在进分离器、除硫装置、密闭罐等设备前实现安全降压。

2.PLC 自动控制装置、除硫及中和注入装置、实时数据监测仪器

PLC 自动控制装置、除硫及中和注入装置、实时数据监测仪器作为密闭测试地面控制系统的关键装置，在系统中是一个有机的整体（在线除硫降异味装置总成），其主要由注入系统（除硫剂注入系统、中和剂注入系统、消泡剂注入系统）、混合搅拌系统、监测与自动控制系统（PLC）组成。

功能：测试排液期间，通过实时监测排液出口硫化氢浓度与分离器排液口残酸 pH 值，并及时反馈数据给在线除硫装置 PLC 综合控制系统，由 PLC 系统自动控制连续加药装置向流程管线内加注除硫剂、pH 值调节剂（中和剂），在混合搅拌系统中药剂与井内返出的流体在密闭环境中在线高速搅拌、混合，在管道内充分反应，来降低返排残酸液中的硫化氢浓度及中和残酸，最终将处理后排放到储液罐（密闭罐）的流体 pH 值基本控制在 7~9，放喷出口及密闭罐环境中硫化氢含量处于安全范围，从而实现安全排放，保护现场作业环境，极大降低人工中和残酸的安全风险。

连接方式：混合搅拌器 1 直接接于二级管汇台至分离器之间，采用 2⅞″ NU 油管连接（后期改进为 3½″ 管线），用于注入的中和剂（液体 NaOH）与返排液混合反应、中和残酸；混合搅拌器 2 接于分离器排液出口，用于注入除硫剂与返排液混合反应、充分除硫。

PLC 自动控制装置及注入系统和混合搅拌器之间用 2″ 602 由壬管线连接，再用绑带固定。

基本参数：在线除硫降异味装置总成，包括注入系统、混合搅拌系统和监测与控制系统（PLC），通过调研目前有两种总成型号，主要在泵注排液、承压、功率等方面存在差异，基本参数如下：H5：1000L/h、110 bar（1bar=0.1MPa）、11kW；H6：1200L/h、150 bar、15kW。按照项目泵注系统论证结果，泵排量设计为 2000L/h，功率达到 15kW，耐压 15MPa。

（1）注入系统

注入系统结构：泵注系统主要由化学药剂存储罐、注入泵、配套高压注入管线、电机、PLC 自动排量控制系统等构成，其设计原理主要通过自动吸入化学药剂罐中的药剂，由电机带动高压注入泵进行增压，通过 PLC 控制系统根据各监控终端反馈回的硫化氢浓度、pH 值等实时数据，对注入泵排量进行不同区间调节，将增压后的药剂注入混合加速搅拌器。注入系统橇装总成，包括计量泵、除硫剂罐、消泡剂罐、中和剂罐、压力传感器、上料泵等。

注入系统技术参数见表 2-1-10。

表 2-1-10　注入系统技术参数

额定工作压力	150bar（15MPa）	计量泵电机功率	15kW
最大流量	2000L/h	环境温度	-40~50℃
液体温度	-40~150℃	阀门	304 锻钢三片式硬密封球（16MPa）
管道材质	316 不锈钢		

（2）液压隔膜泵

液压隔膜泵作为泵注系统的注入装置，结构特点是：①擅长输送含粗糙、高黏杂质液体；②液压平衡设计，隔膜两侧不受力；③全密封设计，具备耐酸、碱性能；④排量输出高，重复性好，计量精确度高。

工作原理：以 SPX（NOVADOS H6）电动液压隔膜计量泵为例，其是一个独特的液压平衡式薄膜及柱塞溶剂式泵（带电动伺服），动力由合适尺寸和参数的电动机直连或带式传递，柱塞提供高压动力，采用薄膜压缩介质，因为薄膜的隔绝，柱塞在干净的润滑油中运动，避免损伤和泄漏，薄膜一侧是压缩润滑油，另外一侧是压缩介质，得以压力平衡，这种泵的结构使往复泵内件远离介质，从而延长使用寿命，减少维修。

（3）混合搅拌系统

混合搅拌系统主要由混合加速搅拌器及配套高压管线构成，混合加速搅拌器的主要工作原理是利用井内排出的高压流体，在通过管汇台节流后产生的高速、低压流体来冲击混合加速搅拌器的叶轮，使返排流体由层流运动转变为涡流（紊流状态），返排液与各种处理药剂更加均匀、多面积地发生化学反应，从而达到降低返排液体中的硫化氢浓度及调节 pH 值的目的。

1）技术参数

①材质：选用 35CrMo 钢，具备防硫、耐酸性能；②长度：505mm，通径：190mm；③设计抗压：35MPa（根据论证情况，调整为 21MPa）；④两端扣型：2⅞″-NP 法兰连接（根据论证情况，调整为 3½″ 管线，同地面流程管线配套、不形成节流）；⑤注入端扣型：2″-602 公由壬。

2）静态混合器

工作原理：静态混合器（图 2-1-14）是混合搅拌系统的重要部件，其混合过程是在一系列安装在空心管道中的不同规格的混合单元进行的。由于混合单元的作用，使流体时而左旋，时而右旋，不断改变流动方向，不仅将中心液流推向周边，而且将周边流体推向中心，从而造成良好的径向混合效果。与此同时，流体自身的旋转作用在相邻组件连接处的接口上亦会发生，这种完善的径向环流混合作用，使物料获得混合均匀的效果。

图 2-1-14　静态混合器图

使用范围：静态混合器可应用于液—液、液—气、液—固、气—气的混合、乳化、中和、吸收、萃取、反应和强化传热等工艺过程，可在很宽的黏度范围内不同的流型（层流、过渡流、湍流）状态下应用，用于间歇操作和连续操作。下面简单介绍不同应用情况的范围。

①液—液混合：从层流至湍流，黏度在 $1:10^6$ mPa·s 范围内的流体都能达到良好的混合。分散液滴最小直径可达到 1~2 μm，且大小分布均匀。

②液—气混合：静态混合器可以使液—气两相组分的相界面连续更新和充分接触，在一定条件下可代替鼓泡塔和筛板塔。

③液—固混合：当少量固体颗粒或粉末（固体占液体体积的 5% 左右）和液体在湍流条件下混合，使用静态混合器，可强制固体颗粒或粉末充分分散，能达到使液体萃取或脱色的要求。

④气—气混合：可用于冷、热气体的混合，不同气体组分的混合。

⑤强化传热：由于静态混合器，增大了流体的接触面积，即提高了给热系数，一般来说对气体的冷却或加热，如果使用静态混合器，气体的给热系数可提高 8 倍；对于黏性液体的加热，给热系数可提高 5 倍；当有大量不凝性气体存在的气体冷凝时，给热系数可提高 8.5 倍；对于高分子熔融体的换热可以减少管截面上熔融体的温度和黏度梯度。

（4）数据监测仪器

①有毒有害气体监测仪（图 2-1-15）：

图 2-1-15 有毒有害气体监测仪

具有智能化传感器检测技术、整体隔爆（d）结构、固定安装方式的有毒有害气体监测仪。标准配置为带点阵 LCD 液晶显示、三线制 4~20mA 模拟和 RS485 数字信号输出，可选配置为可编程开关量输出等模块，根据用户需求提供定制化产品，还支持输出信号微调等功能，方便系统组网及维护。可检测 CO、H_2S、O_2、SO_2、Cl_2、NH_3、HCN、NO、NO_2、PH_3、ClO_2、ETO 等多种有毒有害气体。

有毒有害气体监测仪技术参数见表 2-1-11。

表 2-1-11　有毒有害气体监测仪技术参数

检测原理	电化学	负载阻抗	600Ω
传感器	智能传感器	检测精度	±2%F.S
采样方式	扩散式	响应时间（T90）	<15s
工作电源	9~30V DC	电气接口	3/4″ NPT M
最大功率	30mA（24V DC）	安装方式	2″ 立管/壁挂安装
输出信号	4V，20mA 可微调	防护等级	IP65
环境温度	-40~70℃（极限值）；-40~55℃（典型值）	环境湿度	15%~95% RH（无凝露）
环境压力	86~106MPa	外形尺寸	182mm×195mm×107mm（HWD）
壳体材料	铝合金	—	—

②pH 值监测仪（图 2-1-16）：

调研目前现场使用的 pH 值监测仪（pH 计；pH 变送器）由匈牙利 NIVELCO 尼威公司生产：本安防爆 pH 计 Ana CONT 系列，连续测量酸性（pH> 7 时）和碱性（pH<7）的液体时，过程测量值可以控制化学品的添加和其他工艺。

Ana CONT 系列 pH 计分为一体式和分体式两种，pH 计的量程为 0~14，分体式缆长可达 10m，图形显示界面且具有数据记录功能。pH 计的输出方式包括 4~20 mA，HART，继电器输出。

通用技术参数：测量范围，0/14pH；预设值，±2pH；分辨率，0.01pH；精度，0.1% 测量值 +/-1 个数值 +/-0.01%/℃；温度，PP 探头外壳，-10~90℃；PVDF 和 SS316Ti 探头

外壳，−15~100℃；压力，0.05/1 MPa（0.5/10bar）；SS316Ti 探头外壳，0.05/1.6MPa（0.5/16bar）。

pH 计环境温度（Amb.Temp）要求为 −20~70℃，可测量介质温度范围为 −15~100℃。

图 2-1-16　pH 值监测仪

（5）PLC 自动控制系统

PLC 自动控制系统相当于整个除硫装置的中枢大脑，其包括 PLC 控制箱、硫化氢气体监测传感器、pH 值监测传感器、冲磁阀、注入泵冲程调节器（排量调节）等，见图 2-1-17。

工作原理：测试排液期间，通过储液罐周边硫化氢气体传感器与排液口 pH 值传感器实时监测硫化氢浓度与残酸浓度，并反馈至控制平台计算机，计算机中枢控制系统通过设置硫化氢浓度及残酸 pH 值的区间值的编程程序，远程向泵注系统发出控制指令，其通过注入泵冲程调节器自动启动注入泵，并根据指令调节注入泵的药剂注入排量。

图 2-1-17　控制系统装置

（二）缓冲罐

功能：缓冲罐的作用是证实分离器液或液体流量计的数据，计量液或油的产量，小于 3000 桶时，如果配上小型的计量橇或在气出口管上安装流量计可用于计量气的产量，最大到 18 万 m^3/d；从缓冲罐外接硬管线放喷至安全区域，所含硫化氢气体经放喷管线排放，压力式缓冲罐可防止分离器的气体窜至油管线引起的超压，并可经弹簧安全阀放喷低压气体至安全区域；给经分离器分离的原油提供缓冲，便于用原油传输泵而不是分离器压力将原油送至燃烧器，这有利于以最佳的流量和压力输送原油，达到较好的燃烧效果；有完整的管汇，便于灵活地操作，包括旁通管汇和双油气水管线；当未用分离器或燃烧器时用于洗井；进出口配完整的由壬连接；可用作两相分离器，配合分离器可起到二次分离作用，使返排液中游离气体再次分离，见图 2-1-18。

特点：采用双仓结构；采用防硫化氢设计；双安全阀设计，使用安全；气出口带回压控制阀，便于设备内部压力控制；每个仓在一定高度范围带有取样口便于取样；带设备内部蒸汽加热盘管；所有进出口使用国际通用由壬连接方式，适用范围广；通用集装箱尺寸橇，便于运输。

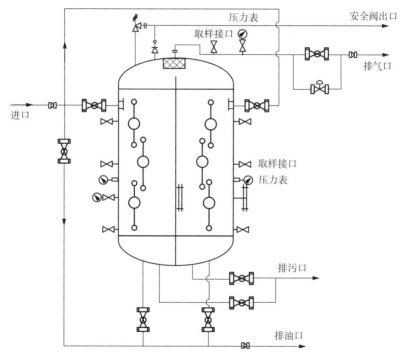

图 2-1-18　缓冲罐结构示意图

缓冲罐技术参数见表 2-1-12。

表 2-1-12　缓冲罐技术参数

基本参数			
容器尺寸	壳程 ID2000［内径 ×3900（S/S）］	容积	2×8m³（双仓）
工作环境	湿硫化氢应力腐蚀环境	设计压力	150psi
设计温度	−20~121℃	设备主要材质	钢板：Q245R　锻件：20 Ⅲ　钢管：20

阀门配置情况			
球阀	3″ RF 150 FP NACE½″ NPT 2000 psi	安全阀	2″×3″ 135 psi
压力控制阀	3″ ET+3582+657+C1P 150#	单流阀	NACE；3″ RF 150 NACE
连接尺寸			
气体入口	3″ Fig 602 TH	气体出口	3″ Fig 602 WH
油出口	3″ Fig 602 WH	安全放空口	3″ Fig 602 WH
取压口连接尺寸	NPT ½″（内螺纹）	橇装尺寸	6058×2438×2896（$L×W×H$）

（三）真空除气器

真空除气器的作用是清除返排液中的非游离气体（溶解气），其结构见图 2-1-19。

特点：本套设备结构合理，安装和操作方便。用于处理返排液气侵，除气效果显著，安全可靠，真空除气器克服了测试三相分离器只能清除返排液中的游离气体，而无法清除非游离气体即侵入返排液中的气体的缺点。通过将分离器分离后的液体在真空除气器中抽真空，实现液体中溶解气的去除（物理方式除硫）。

目前调研油气田使用的真空除气器是一种用于处理气侵钻井液的专用设备。适用于各类的配套，对于恢复泥浆的相对密度、稳定泥浆的黏度性能、降低钻井成本，有很重要的作用。同时，也可当作大功率的搅拌器使用。

工作原理：真空除气器利用真空泵的抽吸作用，在真空罐内造成负压区，返排液在大气压的作用下，通过吸入管进入转子的空心轴，再由空心轴四周的窗口，呈喷射状甩向罐壁，由于碰撞及分离轮的作用，使返排液分离成薄层，侵入返排液中的气泡破碎，气体逸出，通过真空泵的抽吸及气水分离装置的分离，气体由分离装置的排气管排往安全地带，液体则由叶轮排出罐外。由于主电机先行启动，与电机相连的叶轮呈高速旋转状态，所以液体只能从吸入管进入罐内，不会从排液管被吸入。

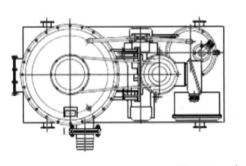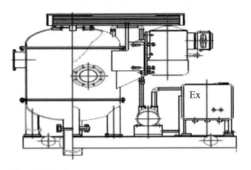

图 2-1-19 真空除气器结构图

真空除气器技术参数见表 2-1-13。

试油（气）作业

表 2-1-13　真空除气器技术参数

型号	ZCQ240	ZCQ270	ZCQ300	ZCQ360
主体罐直径	700mm	800mm	900mm	1000mm
处理量	≤240m³/h	≤270m³/h	≤300m³/h	≤360m³/h
真空度	–0.030~0.045MPa	–0.030~0.045MPa	–0.030~0.045MPa	–0.030~0.045MPa
传比真空度	1.68	1.68	1.68	1.72
除气效率	≥95%	≥95%	≥95%	≥95%
主电机功率	15kW	22kW	30kW	37kW
真空泵功率	2.2kW	3kW	4kW	7.5kW
叶轮转速	860r/min	870r/min	876r/min	880r/min
外形尺寸	1750×860×1500	2000×1000×1670	2250×1330×1650	2400×1500×1850
重量	1100kg	1350kg	1650kg	1800kg

（四）密闭罐

功能：密闭罐的作用是计量液体的产量，使返排的液体盛装在密闭的环境中，不会将 H_2S 等有毒有害气体逸散至外部空间。若密闭罐内有一定溶解气时从密闭罐顶部外接硬管线放喷至安全区域，所含硫化氢气体经放喷管线排放燃烧，密闭计量罐超压时气体可经弹簧安全阀放喷至放喷池，达到泄压目的。

特点：采用防硫化氢设计；双安全阀设计，使用安全；气出口带单流阀及其阻火器，防止回火；设备内部可设置蒸汽加热盘管；所有进出口使用国际通用由壬连接方式，适用范围广；采用框架橇装结构，便于运输，如图 2-1-20 所示。密闭罐技术参数见表 2-1-14。

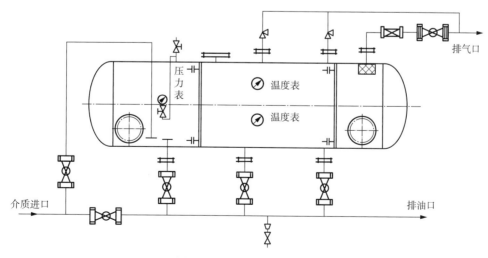

图 2-1-20　密闭罐结构示意图

表 2-1-14　密闭罐技术参数

基本参数			
容器尺寸	壳程：ID2400（内径）×8000（S/S）	容积	40m³
工作环境	湿硫化氢应力腐蚀环境	设计压力	75psi
设计温度	−20~121℃	设备主要材质	钢板：Q245R　锻件：20Ⅲ　钢管：20
阀门配置情况			
球阀	3″ RF 150 FP NACE　½″ NPT 2000 psi	安全阀	2″×3″ 65 psi；NACE
单流阀	3″ RF 150 NACE	—	—
连接尺寸			
气体入口	3″ Fig 602 TH	气体出口	3″ Fig 602 WH
液出口	3″ Fig 602 WH	安全放空口	3″ Fig 602 WH
橇装尺寸	10700mm×2700mm×2850mm（L×W×H）	—	—

七　加热装置

　　井内产出的天然气须通过节流管汇进行节流降压，气体通过节流阀时，压力降低，体积膨胀，温度急剧下降，在节流阀处可能生成水合物堵塞管道，影响正常生产。为防止水合物的生成，在节流前须对天然气进行加热。现场广泛采用水蒸气加热法、水套炉加热法，以提高天然气节流后的温度，防止产生水合物。

（一）结构原理

1. 水蒸气锅炉的加热原理

　　水蒸气加热的主要设备是蒸汽锅炉（图 2-1-21），它是利用锅炉产生密度为 γ^3 的饱和水蒸气，然后经水蒸气管线进入换热器壳程（图 2-1-22），与管程中的天然气进行逆流换热，换热后的水蒸气凝析成水（密度为 γ_1），并通过换热器与锅炉水位之间的高差（h_1-h_2）及密度差（$\gamma_1>\gamma_2>\gamma_3$，$\gamma_2$ 为锅炉内热水密度）形成压头，在克服了回水管线的摩擦阻力后流回锅炉，如此不断循环加热天然气，使天然气温度提高，达到加热天然气的目的。

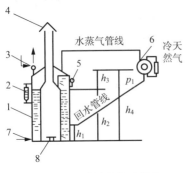

图 2-1-21　蒸汽锅炉示意图
1—炉体；2—水位计；3—安全阀；
4—烟囱；5—压力表；6—套管式换热器；
7—排污阀；8—燃烧器

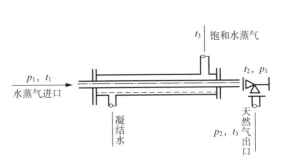

图 2-1-22　换热器壳程示意图

2.水套加热炉的加热原理

水套加热炉是以水作传热介质的间接加热设备，水套加热炉结构如图 2-1-23 所示，它是由筒体、烟火管、气盘管和其他附件组成，气盘管与筒体进出口管处用密封填料密封，筒体和大气连通，筒体内的烟火管（燃烧室）经筒体后进入烟气出口排入大气，气流从气盘管一端进入，经加热后从另一端流出。

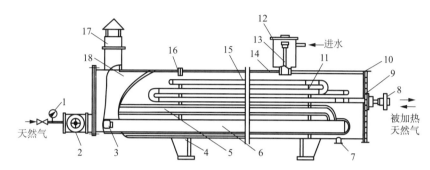

图 2-1-23　水套加热炉结构示意图
1—压力表；2—调风阻火器；3—燃烧器；4—支座；5—烟气出口管；
6—烟火管；7—排污口；8—法兰；9—填料压盖；10—法兰盖；
11—支撑板；12—水箱；13—水位计；14—筒体；15—气盘管；
16—温度计管嘴；17—烟囱；18—烟箱

天然气燃料从燃烧器喷出的高温火焰直接进入烟火管和烟气出口，烟火管和烟气出口附近的水受热后因密度减小而上升，与气盘管传热后温度下降，密度增加而下沉，再次与烟火管接触被加热上升，如此不断循环，流经盘管的天然气从盘管不断获得热量而使温度升高。

（二）规格型号

常见加热装置的主要参数见表 2-1-15。

表 2-1-15　常见加热装置的主要参数

型号参数	锅炉 WNS2-1.25-Y（Q）	热交换器 HRQ250-YQ/45/1.5	水套炉 HJ250-Q/60-Q
设计压力 /MPa	1.25	管程 45、壳体 1.5	60
设计温度 /℃	194	200	管程 20~60、壳程 90
介质	软化水	含硫天然气（$H_2S \leqslant 3\%$，$CO_2 \leqslant 10\%$）	含硫天然气

（三）锅炉操作与维护保养

1. 锅炉安装操作 [以 WNS2-1.25-Y（Q）锅炉为例]

①安装位置：安装在距井口 30m 以外锅炉光滑平整的水平面上，锅炉就位后要找平、找正，锅炉与基础横向允许偏差 ±2mm，纵向允许偏差 ±10mm。

②吊装锅炉

a. 采用吊车将 4 根符合要求的钢丝绳套挂在锅炉 4 个吊装位置上；

b. 吊车缓慢上提锅炉离开地面，同时使用撑杆或尾绳牵引锅炉两端，防止左右摆动，平稳地将锅炉送往预定位置处；

c.就位：到达预定位置，缓慢下放锅炉，观察管线走向一致，缓慢下放到位。

③水箱安装：水箱安装在距离锅炉不小于5m处，连接水箱管线。

④油箱安装：油箱安装在距离锅炉及井口不小于30m处，其安装位置宜选择在高于锅炉1~2m处。

⑤管道安装：将锅炉气缸出口与热交换器蒸汽进口相连接，并用保温棉进行包裹。

⑥附件安装：安装压力表、温度计前检查是否在有效期内，安装位置应便于观察、检修。

⑦回收工具、物资，进行保养，摆放到位、清洁场地。

⑧填写维护保养记录，注明消耗材料的规格、型号、数量，要准确、详细、工整。

2. 运行前准备

①检查燃烧系统各油管接口、蒸汽管道、给水管路、排污管路是否完整。

②检查给水设备是否正常。

③检查各密封面是否严密，烟气通道是否畅通。

3. 启动

当司炉人员做好运行准备工作后，锅炉具备下列条件：

①水位在极限低水位以上。

②进油调节阀开度及送风挡板开度在低负荷位置。

③燃油温度在给定范围内（重油）。

④程序控制器在零位。

司炉人员开启控制电源，按下启动按钮，锅炉自动进入程序点火启动。锅炉启动运行过程中的工作情况，操作人员均可从控制箱上的指示得到了解。

4. 烘炉

烘炉前首先在锅内注入经过水处理的软水，让锅内水位升高到水位表的正常水位处，关闭给水阀、排空阀，等待锅内水位稳定后，观察其水位有无变化，水位稳定后方能进行烘炉。烘炉时，应在点火后以最低的燃烧负荷进行。要求锅炉不得升压，当锅内压力升高到0.1MPa时，应立即用排气阀或安全阀排气，水位下降时应立即进水，烘炉的时间不得少于24h。

5. 煮炉

在烘炉完毕后，就应进行煮炉。

①煮炉可用纯碱（Na_2CO_3）或磷酸三钠（$Na_3PO_4 \cdot 12H_2O$）等药品，其用量以锅炉容积每立方米计算，每一立方米容积耗用纯碱5kg，磷酸三钠3kg。

②上述的药品应配制成20%的溶液后才能使用，绝不允许将固体药品直接投入锅筒中，加药时炉水应在低水位。药液从排气阀座注入。

③煮炉应将锅炉维持在低负荷下进行。只有在燃烧器运行时，煮炉过程才有效果。维持最低负荷的持续燃烧，应尽可能地把时间延长，维持的煮炉时间不得少于自第一次燃烧启动后6h。

试油（气）作业

④煮炉期间，应定期从锅筒取样分析，当炉水碱度低于45毫克当量/升时，应补充加药。

⑤在煮炉结束后，压力降至0.1MPa以下，水温降至70℃以下才可开启排污阀，将炉水全部排出。

⑥待锅炉冷却后，开启人孔，应清除锅筒内的沉积物，用清水冲洗锅筒和曾与药液接触过的闸阀等，检查排污阀有无堵塞。并检查有无油污，如仍有油时，应按上述办法再行煮炉，直至锅筒内部没有油污为止。

6. 升火与供气

①锅炉升火前应进行全面检查，未进水前必须关闭排污阀，开启排气阀让锅筒内空气排出。

②将已处理的软水注入锅炉内，进水温度一般不高于40℃，当锅内水位升至水位表最低水位时，即关闭给水闸阀，待锅内水位稳定，观察水位有否降低。

③升火后应随时注意锅内水位，因加热后水位线会上升，如超过最高水位线可进行排污。

④当开启的一只安全阀内冒蒸汽时，应立即关闭安全阀。当气压升到0.2~0.3MPa时，检查人孔有无渗漏，如有渗漏现象应拧紧人孔盖螺栓，同时检查排污阀是否严密无渗漏。

⑤当锅内气压逐渐升高时，应注意锅炉各部件无异响，如有应立即检查，必要时，应立即停炉检查，解除故障后方可继续进行。

⑥当锅炉内气压接近工作压力时，可准备向外供气，供气的同时应将主汽阀微微开启，让微量蒸汽进行暖管，同时将管路上的泄水阀开启，泄出冷凝水，暖管时长根据管道长度、直径、蒸汽温度等情况决定，一般不少于10min。暖管时应注意管道的膨胀和管道支架的情况，如发现不正常的情况应停止暖管并清除故障和缺陷。待管路已热，管路上冷凝水逐步减少后，方可全开主汽阀。开启时宜缓进行，同时注意锅炉各部件有无异响，如有应立即检查，必要时停炉检查。主汽阀安全开启后，应将主汽阀手轮退回半圈，以防热胀后不能转动。锅炉供气后，应再一次检查附属零件，闸阀仪表有无漏水漏气等情况，是否工作正常。为了防止吊水（蒸汽带水），主汽阀不应开得过大，一般控制在1/2~2圈，在燃烧工况正常的情况下，即可达到额定输出压力。

7. 正常运行

锅炉正常运行时要求做到，锅筒内水位正常，蒸汽压力稳定，保持锅炉房的整洁，做好交接班工作，建立合理的规章制度，加强各机械设备和仪表的监督，确保安全可靠，防止事故发生。司炉工应定期总结操作经验，不断提高运行水平。

①水位表应用红线标记最高水位，最低水位。如发现水位表漏水、漏气应上紧填料，如水位表模糊不清或水位表看不明确，虽经冲洗仍没有效果，应予更换。

②经常注意锅内水位变化，使其保持在正常水位（±40mm）的范围内，不得超过红线标记的最高或最低水位，水位表内的水位一般有微微晃动现象，如水面静止不动，则水位表内可能有堵塞情况，应立即进行冲洗。

③检查给水设备所有给水泵是否正常，应在交接班时开启检查，如有故障应立即进行修理。

④定时监测压力变化，尽可能保持锅内压力稳定，勿使气压超过额定蒸汽压力。

8. 排污

一般给水内含有一定的矿物质，给水进入锅炉汽化后，矿物质留在锅内，浓缩到一定程度后，就在锅内沉淀下来，蒸发量越大运行时间越长，沉淀物就越多，为了防止由于水垢、水渣而导致锅炉烧坏，必须保证炉水质量，炉水碱度不超过 26mmol/L，pH=10~12 超过上述范围时，应对炉水排污。

①排污应在低负荷，高水位时进行，在排污时应密切注意炉内水位，每次排污降低锅炉水位 25~50mm 为适宜。

②排污前，应检查排污管完好及管道上未进行修理作业，以免发生事故。

③禁止利用杠杆延长手柄开启排污阀，禁止敲击排污阀的任何部位。

④如排污阀开得较小，排污水流不出（排污管是冷的）说明有堵塞，应将排污阀关闭，查明并清除堵塞后再进行排污。

⑤如排污管端不是通到排污池或排污井内，且没有保护设备，则须在确实知道靠近排污管端处没人时才可进行排污，以免在排污时发生人身伤害事故。

⑥具体操作：锅炉每一排污处装有二只排污阀，排污时，首先将第一只（离锅炉近的一只）全开；然后微开第二只排污阀；排污完毕先缓缓关小第二只排污阀，以保持第一只的严密性，当第二只排污阀渗漏时，仍可使用第一只排污；排污时如排污管道内有冲击声，应将第一只排污阀关小直至冲击声消失为止，然后再缓缓开大，排污不宜连续长时间进行，以免影响水循环。

⑦排污完毕关闭排污阀后，应检查排污阀关闭是否严实。关闭排污阀后 5~10min，在排污阀出口管道上用手试摸温度，如温度偏高则排污阀渗漏，需进行维护更换。

9. 正常运行中的维护保养

①定期检查水位指示器、闸阀、管道、法兰等是否渗漏。

②保持燃烧器清洁，调节系统灵活。

③定期清除锅炉筒体内部水垢，并用清水清洗。

④定期对锅炉内各处进行检查，如受压部分的焊缝，钢板内各处有无腐蚀现象，若发现有严重缺陷及早修理，如缺陷并不严重，亦可留待下次停炉时修理。

⑤必要时将外面的罩壳、保温层等卸下彻底检查。如发现有严重损坏部分，必须修复合格后方可继续使用，同时将检查及修理情况填入锅炉安全技术登记簿。

⑥锅炉保温层罩壳（外包皮）及锅炉底座每年至少除锈油漆一次。

10. 长期不用时的维护保养

分为干保养法和湿保养法两种：停炉一个月以上，采用干保养法，停炉一个月以下采用湿保养法。

（1）干保养法

锅炉停炉后放去炉水，将内部污垢彻底清除，冲洗干净后用压缩空气吹干，再将10~30mm块状的生石灰分盘装好，放置在锅炉筒内，使生石灰与金属不接触，生石灰的重量以锅筒容积每立方米8kg计算，最后将人孔、管道闸阀关闭，每三个月检查一次，如生石灰碎成粉状，须立即更换，锅炉重新运行时应将生石灰和盘取出。

（2）湿保养法

锅炉停炉后放出炉水，将内部污垢彻底消除，冲洗干净，重新注放已处理的软水至全满，将炉水加热到100℃，让水中的气体排出炉外，然后关闭所有闸阀。气候寒冷的地方不可采用湿保养法，避免炉水结冻损坏锅炉。

11. 自动控制系统的维护保养

①定期检查取光头，查看光导管是否熏黑，并用棉花加无水酒精擦干净。

②定期对水位控制器进行检查，如发现电极棒有水垢，应立即清除。

③定期对浮球控制器进行检查，防止浮球漏水，引起失控。

④定期检查电动执行器，动作灵敏。定期检查接地和零线牢固。

⑤定期检查点火两支电极，消除污物及积炭，以免高压短路，打不出火花，引起点火失败。

⑥开关箱内应保持清洁，各电器部件接线螺钉应经常紧固，以防松动。

⑦检查电磁阀有无漏油。

12. 锅炉拆卸操作

①检查：检查锅炉进出口压力表、温度情况，确定压力归零，通道内无圈闭压力、温度正常，排尽锅炉内积水。

②拆卸附件：拆卸压力表、温度计、分气缸连接管线、输油、输水管线及与热交换器连接管线等附件。

③吊装锅炉：

a. 采用吊车将4根符合要求的钢丝绳套挂在锅炉4个吊装位置上；

b. 吊车缓慢上提锅炉离开地面，同时使用撑杆或尾绳牵引锅炉两端，防止左右摆动，平稳地将锅炉送往预定位置处。

④摆放到位：用吊车将锅炉平稳地摆放在预定区域水平放置。

⑤清理检查：清理、检查锅炉连接部位、截止阀、液位计等并均匀涂抹黄油，法兰面、油管丝扣套上防潮布。

⑥回收工具、物资，进行保养，摆放到位、清洁场地。

⑦填写维护保养记录，注明消耗材料的规格、型号、数量，要准确、详细、工整。

（四）水套炉操作与维护保养

1. 水套炉安装（以 HJ250-Q/60-Q 水套炉为例）

①安装位置：安装在距井口 25m 以外光滑平整水平的水泥面上，安装时要求平、稳、正、全、牢；

②吊装水套炉：

a. 采用吊车将 4 根符合要求的钢丝绳套挂在水套炉 4 个吊装位置上；

b. 吊车缓慢上提水套炉离开地面，同时使用撑杆或尾绳牵引水套炉两端，防止左右摆动，平稳地将水套炉送往预定位置处；

c. 就位：缓慢下放水套炉，观察、测量水套炉进口管线高度、角度走向一致，缓慢下放到位。

③清洗检查

a. 用柴油清洗、检查连接管线、水套炉连接法兰钢圈槽、钢圈、金属密封面、螺栓并用棉纱擦拭干净。

b. 检查水套炉各连接通道有无堵塞，若有堵塞及时进行清理。

④连接进出口法兰件

a. 装钢圈：向钢圈槽内注入适量黄油，将 BX153 钢圈放入钢圈槽内；

b. 装螺杆：取下螺帽，将 M22×160 螺杆穿进水套炉进出口连接法兰上；

c. 使用吊车将法兰件平吊至与水套炉连接口平齐，缓慢调整高度、找正角度，螺杆穿过螺孔，确认钢圈入槽后装好螺母；

d. 紧固：用 34mm 敲击扳手将螺栓对角上紧，保证螺栓两端出扣 2~3 扣；

e. 检查：用塞尺（或目视）检查法兰间隙，确保一致。

⑤水泥基墩固定：采用长大于 0.8m，上宽大于 0.6m，下宽 0.8m，深大于 0.8m 水泥基墩固定。

⑥回收工具、物资，进行保养，摆放到位、清洁场地。

⑦填写维护保养记录，注明消耗材料的规格、型号、数量，要准确、详细、工整。

2. 水套炉拆卸操作

①检查：

a. 检查井口水套炉进出口压力表压力归零，管线内无圈闭压力；

b. 含硫气井拆卸前必须检测通道内无残留硫化氢气体；

c. 拆卸前使用氮气或清水吹扫水套炉内部，确保罐体内部无气、液残留。

②拆连接管线：

a. 用 34mm 敲击扳手依次拆卸进出口法兰管线螺栓；

b. 将卸下的连接管段整齐地摆放在备用材料区域，钢圈槽侧面摆放；

c. 清理检查管线钢圈槽、螺栓、密封面、丝扣有无损伤并均匀涂抹黄油，包扎防潮布，盖上防雨布。

③拆卸水套炉

a. 拆卸水套炉压力表、温度计、闸阀手轮、固定压板等附件；

b. 采用吊车将 4 根钢丝绳套挂在水套炉吊装位置上，缓慢上提吊车挂钩。

④摆放到位：用吊车将水套炉缓慢平稳地水平摆放在预定区域枕木上。

⑤清理检查：清理、检查水套炉钢圈槽、密封面、截止阀、液位计等并均匀涂抹黄油，

法兰面套上防潮布。

⑥回收工具、物资，进行保养，摆放到位、清洁场地。

⑦填写维护保养记录，注明消耗材料的规格、型号、数量，要准确、详细、工整。

常见加热装置装／卸部位参数见表 2-1-16。

表 2-1-16　常见加热装置装／卸部位参数

连接部位	锅炉分气缸与热交换器连接处	热交换器入口	热交换器出口	水套炉入口	水套炉出口
法兰型号	DN65	65-70	65-70	65-70	65-70
垫环／垫片	DN65	BX153	BX153	BX153	BX153
双头螺栓	M18×45	M22×160	M22×160	M22×160	M22×160
敲击扳手	27mm	34mm	34mm	34mm	34mm

3. 水套炉使用

①确认气源管线畅通。

②确保水套炉气源管道上的压力表截止阀和安全阀前闸阀处于全开状态。

③确认排污阀处于关闭状态。

④加水：向水套炉加水至液面不低于补水箱高度的 2/3。

⑤调节燃气压力：在确认输入压力小于 6.0MPa 的情况下，全启燃料气体输入闸阀，用活动扳手调节一级、二级调压阀，使二级调压阀输入压力小于 0.5MPa，将燃料压力控制在 0.05MPa 左右。

⑥点火：缓慢开启燃气控制闸阀进行点火。

⑦调整火焰：逐步加大燃烧量，待炉燃烧旺盛后，调节风道挡板，使气能充分燃烧，调整到燃气呈淡蓝色火焰，烟囱不冒烟的状态。

⑧设置温度：调节温度控制器，将温度设置在 60~80℃。

⑨保温：加热水温至 60~80℃，水套炉就可投产保温。

⑩巡检：水套炉运行时，操作人员应定时、定点、定线地进行巡回检查。

⑪记录：记录操作人姓名、开启时间，温度等资料。

⑫回收保养工具、用具，并摆放到位，清洁现场。

4. 水套炉现场维护保养

①做好日常清洁维护，保证外表清洁、无锈蚀，压力表盘清洁。

②燃烧机防雨措施到位，严禁进水。

③检查电线有无损坏，如有破裂立即更换。

④查看烟囱绷绳有无锈蚀，若锈蚀严重立即更换。

⑤应定期对水套炉的螺栓、丝杆及连接部位等涂抹润滑油脂，以防锈蚀影响性能和操作。

⑥定期巡检仪器仪表，若有损坏，应及时更换。

⑦使用期间确保水质干净、无杂质。

（五）安全注意事项

1. 锅炉安全注意事项

①禁止带压紧固螺栓。

②水压试验时人员远离 10m 以外。

③有压力时严禁站在焊口法兰及闸阀的正前面。

④在用锅炉每年进行一次外部检验，每两年进行一次内部检验，每六年进行一次水压试验。当内部检验和外部检验同时进行时，应首先进行内部检验，然后再进行外部检验。

⑤压力表每年校验一次。

⑥运行锅炉的安全阀每年校验一次，校验后至少复跳一次。为防止安全阀的阀芯和阀座粘住，应定期对安全阀做手动或自动的放气或放水试验。每月应有 1~2 次升高气压，作校验安全阀的性能试验。

⑦管道应固定，管外应用石棉带缠绕二层，防止排污时移位或发生冲击烫伤等事故。

⑧当遇到异常工况锅炉停炉时，将程序控制器的红色复位按钮按下，复位才能再次进入启动状态。

2. 水套炉安全注意事项

①操作高压闸阀时注意人员应站在高压通道侧面。

②炉膛升温不得太快，避免各部受热不均匀。

③运行期间保证水位处于正常水位，以防止干烧。

④点火时，禁止人员正对炉门。

⑤水套炉安装试压完成后，需要再次对连接螺栓进行检查并紧固。

⑥吊装前做好 JSA 分析、开具吊装作业票据，吊装过程中严格执行吊装相关操作规程，专人指挥、专人监护。

八 分离器

分离器是油气井产生的流体（油、气、水）通过特定容器对其液位及出口压力进行控制实现分离的一种专用压力容器。

（一）结构原理

1. 卧式分离器

如图 2-1-24、图 2-1-25 所示，当气液混合的天然气进入分离器后，在导向板的作用下改变流向，在惯性力的作用下，直径大的液滴被分离下来，夹带直径较小液滴的气流继续向下运动。由于分离器筒体直径比进口管直径大，气流速度下降，在重力作用下较小直径的液滴被分离下来。气流通过整流板时，紊乱的气流变成直流，使更小的液滴与整流板壁接触，聚积成大的液滴而沉降，最后，雾状液滴在捕集器中被捕集下来。

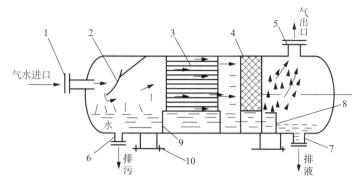

图 2-1-24 卧式分离器结构图
1—天然气进口；2—导向板；3—整流板；4—捕集器；5—出口；
6—排污口；7—排液口；8—溢流板；9—支架；10—底座

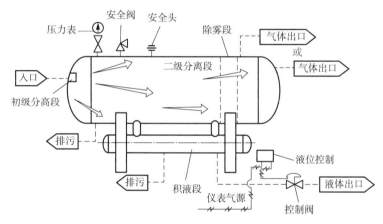

图 2-1-25 双筒卧式两相分离器结构图

在分离器直径和工作压力相同的情况下，卧式重力式分离器处理气量比立式重力式分离器大，但卧式重力式分离器占地面积大，场地布置受限，多用于处理气量大的场站。

2. 三相重力分离器

如图 2-1-26 所示，携带油、水（或乙二醇）的混合天然气进入三相重力分离器后，利用它们之间的密度差进行分离。密度小的天然气从分离器顶部出口输出。油和水的分离是在分离器中装一个堰板，由于油的密度小于水的密度，油浮在上面，当油的高度超过堰板顶部时，翻过堰板进入集油室中，集油室排油口装有自动排油阀；当集油室内油面高度达到给定高度时，排油阀开启，自动排油，油面高度降低到给定高度下限时，排油阀自动关闭。水也是利用同样的原理自动排放，三相重力式分离器的结构有立式和卧式，主要用于低温分离站的油和乙二醇富液的分离。

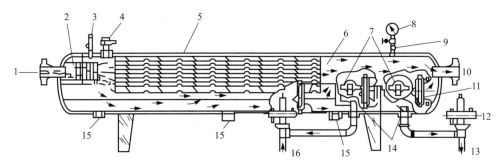

图 2-1-26　卧式三相分离器结构图

1—油、气、水混合物入口；2—入口分离器；3—安全阀；4—保安装置接口；5—除雾器；
6—油脱气区；7—快速液位调节器；8—压力表；9—仪表用气出口；10—气体出口；
11—液位计；12—膜片阀；13—污水出口；14—防涡流板；15—排污口；16—油出口

3. 旋风式分离器

旋风式分离器的结构如图 2-1-27 所示，由筒体、气体进口、出口、螺旋叶片、内管、锥管、积液包等组成。

旋风式分离器主要利用离心力原理分离天然气中的液（固）体杂质。当含有液（固）体混合物的天然气由切线方向进入分离器后，沿分离器筒体旋转，产生离心力，离心力的大小与气液（固）颗粒的密度成正比。密度大则离心力大；密度小则离心力小。液（固）体的密度比气体大得多，产生的离心力比气体分子大得多，于是液（固）体颗粒就被抛到外圈（靠近器壁），质量较轻的则在内圈，气液（固）体颗粒得到分离。

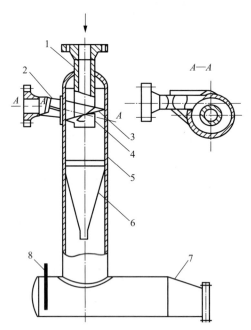

图 2-1-27　旋风式分离器结构图

1—筒体；2—气体进口；3—出口；4—螺旋叶片；
5—内管；6—锥管；7—积液包

抛在外圈的液（固）体颗粒继续旋转并向下沉降，沿锥管壁进入积液器，然后由排污管排出。气体则在锥管外尾部开始做向上的回旋运动，经中心管出口管输至下一级设备。

旋风式分离器的分离效果不仅与进入分离器中液体（固体）颗粒的直径、密度、气体的密度等有关，而且与颗粒的旋转半径、角速度有关。在颗粒的直径和密度、气体的密度相同，流动状态（沉流、过渡流、紊流）相同的条件下旋风式分离器的分离效果比重力分离器好。在同样直径、压力的情况下，旋风式分离器处理气量能力比重力分离器高得多。常用旋风式分离器的通过能力如表 2-1-17 所示。

表 2-1-17　旋风式分离器通过能力

直径 /m	工作压力 /MPa	工作温度	通过能力 / ($10^4 m^3/d$)	
			最小	最大
0.3	4.0	常温	60	100
0.2	6.4	常温	40	80
0.3	6.4	常温	90	170
0.4	6.4	常温	140	300
0.2	8.0	常温	50	90
0.3	8.0	常温	120	210
0.4	8.0	常温	210	380

（二）规格型号

常见两相分离器和三相分离器的主要参数分别见表 2-1-18 和表 2-1-19。

表 2-1-18　常见两相分离器的主要参数

参数型号	PN9.8DN600	PN16DN600	旋风式 LQE0.3×1.5-9.8/3
设计压力 /MPa	9.8	16	9.8
设计温度 /℃	90	90	70
介质	含硫天然气（$H_2S \leqslant 3\%$、$CO_2 \leqslant 8\%$）	含硫天然气（$H_2S \leqslant 3\%$，$CO_2 \leqslant 10\%$）	天然气
气体处理量 / (Nm^3/d)	130×10^4	100×10^4	380×10^4
液体处理能力 / (m^3/d)	340	340	200

表 2-1-19　常见三相分离器的主要参数

	Expro 进口三相分离器	承德江钻三相分离器
设计压力	1333psi（约 9.33MPa）	15MPa
设计温度 /℃	−28.9~60	−20~120
介质	原油、天然气、水 / 非致死物质 含硫天然气硫化氢 <6%	原油、天然气、水 / 非致死物质 含硫天然气硫化氢 ≤6%
气体处理量	最大操作压力下为 $56 \times 10^6 Nft^3/d$（约 $159 \times 10^4 Nm^3/d$）	最大操作压力下为 $120 \times 10^4 Nm^3/d$
液体处理能力	在 2min 延迟时间下为 6969 桶（约 1108m^3/d）	在 2min 延迟时间下为 1200m^3/d

（三）操作与维护保养

1. 安装操作（以 Expro 进口三相分离器为例）

①安装位置：安装在距井口 30m 以外光滑平整的水泥面上，安装时要求平、稳、正、全、牢，其倾斜度小于 1‰。

②吊装分离器：

a. 采用吊车将 4 根符合要求的钢丝绳套挂在管汇台 4 个吊装位置上；

b. 吊车缓慢上提分离器离开地面，同时使用撑杆或尾绳牵引分离器两端，防止左右摆动，平稳地将分离器摆放在预定位置处；

c. 就位：到达预定位置，缓慢下放分离器，观察、测量分离器进口管线高度、角度走向一致，缓慢下放到位。

③清洗检查：

a. 用柴油清洗、检查连接管线丝扣、分离器连接法兰钢圈槽、钢圈、金属密封面、螺栓并用棉纱擦拭干净；

b. 检查分离器各连接管线有无堵塞，若有堵塞及时进行清理。

④连接进出口法兰件：

a. 装钢圈：向钢圈槽内注入适量黄油，将 BX153 钢圈轻轻放入钢圈槽内；

b. 装螺杆：取下 M22×160 螺帽，将螺杆穿进分离器进出口连接法兰上；

c. 使用吊车将法兰件平吊至与分离器连接口平齐，缓慢调整高度、找正角度，M22×160 螺杆穿过螺孔，确认钢圈入槽后装好螺母；

d. 紧固：用 34mm 敲击扳手将螺栓对角上紧，保证螺栓两端出扣 2~3 扣；

e. 检查：用塞尺（或目视）检查法兰间隙，确保一致。

⑤丝扣连接进出口管线：

a. 清洗：先用钢丝刷清洁油管、油管短节、油管接箍丝扣，再用清洗剂、棉纱清洗并擦拭干净；

b. 缠绕生料带：正对油管短节公扣丝扣端，按顺时针方向缠绕生料带；

c. 涂抹黄油：把黄油均匀涂抹至油管短节公扣上；

d. 对扣：抬起油管短节，使其与流程固定端油管接箍在同一水平面进行对扣；

e. 引扣：逆时针旋转油管短节 2~3 圈，再顺时针旋转 3~5 圈；

f. 上扣：用手顺时针对油管短节进行上扣；

g. 紧扣：用管钳顺时针紧扣至油管短节丝扣上满或接箍轻微发热。

⑥水泥基墩固定：采用长大于 0.8m，上宽大于 0.6m，下宽 0.8m，深大于 0.8m 水泥基墩固定。

⑦回收工具、物资，进行保养，摆放到位、清洁场地。

⑧填写维护保养记录，注明消耗材料的规格、型号、数量，要准确、详细、工整。

2. 拆卸操作

①检查：

a. 检查井口分离器进出口压力表压力是否归零，各管线有无圈闭压力；

b. 含硫气井拆卸前必须检测通道内无残留硫化氢气体；

c. 拆卸前使用氮气或清水吹扫分离器内部，确保罐体内部无气、液残留。

②拆连接管线：

a. 用 34mm 敲击扳手依次拆卸进出口法兰管线螺栓，用管钳逆时针旋转拆卸油管丝扣；

b. 用吊车将卸下的连接管段整齐摆放至备用材料区域，钢圈槽侧面摆放，丝扣短接悬空摆放防止碰伤；

c. 检查管线钢圈槽、螺栓、密封面、丝扣有无损伤并均匀涂抹黄油，包扎防潮布，盖上防雨布。

③拆卸分离器：

a. 拆卸分离器压力表、闸阀手轮、固定压板等附件；

b. 采用吊车将 4 根钢丝绳套挂在分离器吊装位置上，缓慢上提吊车挂钩。

④摆放到位：吊车缓慢上提将分离器平稳水平地摆放在预定区域枕木上；

⑤清理检查：清理、检查分离器钢圈槽、密封面、截止阀、液位计等并均匀涂抹黄油，法兰面、油管丝扣套上防潮布；

⑥回收工具、物资，进行保养，摆放到位、清洁场地。

⑦填写维护保养记录，注明消耗材料的规格、型号、数量，要准确、详细、工整。

常见两相分离器和三相分离器法兰连接装 / 卸部位参数分别见表 2-1-20 和表 2-1-21。

表 2-1-20　常见两相分离器法兰连接装 / 卸部位参数

连接部位	流体入口		排污出口		气体出口	
类型	PN16DN600	PN9.8DN600	PN16DN600	PN9.8DN600	PN16DN600	PN9.8DN600
法兰型号	65–70	65–70	DN50	65–70	65–70	65–70
垫环 / 垫片	BX153	BX153	DN50	BX153	BX153	BX153
双头螺栓	M22×160	M22×160	M22×160	M22×160	M22×160	M22×160
敲击扳手	34mm	34mm	30mm	34mm	34mm	34mm

表 2-1-21　常见三相分离器法兰连接装 / 卸部位参数

连接部位	流体入口		排污出口		气体出口	
类型	Expro	承德	Expro	承德	Expro	承德
法兰型号	65–70	65–70	65–70	65–70	65–70	65–70
垫环	BX153	BX153	BX153	BX153	BX153	BX153
双头螺栓	M22×160	M22×160	M22×160	M22×160	M22×160	M22×160
敲击扳手	34mm	34mm	34mm	34mm	34mm	34mm

3. 使用技术要求

①使用前应对分离器及连接管线试压，安装好安全阀，合格后方可投入使用，使用过程中严禁超压。

②分离器开始工作时，应使分离器内压力缓慢升高，避免由于压力升高过快而造成冲击，损伤格栅和叶栅分离元件及其固定装置。

③使用中要通过控制排液的节流阀的开度达到控制积液筒液体的目的。

④开启液位计阀门，先缓慢开启上阀门，再缓慢开启下阀门，避免造成液位计损坏。

⑤使用前应对介质进行测评，不允许 H_2S 和 CO_2 含量超过规定。

⑥根据测试前期资料，调整测试仪表参数（选择孔板原则为先大后小），可参考测试仪表说明书进行调试。

⑦孔板应保存在其特定存储箱中。此时孔板夹在上腔，滑动闸板阀和平衡阀关闭。孔板的安装要注意方向，喇叭口向下游方向。

4. 分离器带压安装（更换）孔板

①开启泄压阀泄掉上腔压力。

②如密封不好，关闭泄压阀，开启平衡阀，多次开关滑动闸板阀或者按所附的润滑步骤注入专用密封脂。密封正常后，关闭滑动闸板阀、平衡阀，开启泄压阀释放压力。

③压力全部泄掉后，松开压板螺栓（不要取走压板）。转动上腔齿轮（逆时针），摇起孔板夹，直至其顶起盖板。严禁向下摇孔板夹，防止滑动闸板阀失封。

④取走盖板和密封垫。

⑤把孔板夹完全摇出来，取出孔板。

⑥孔板夹内正确安装新孔板，喇叭口向下游方向。

⑦正确装入孔板夹，将孔板夹平稳地放到上腔，并与上腔齿轮啮合。

⑧用上腔齿轮将孔板夹摇下去（顺时针）直至盖板和密封垫可装上。

⑨检查密封垫，确认完好。

⑩装上密封垫、盖板和压板。

⑪用交错排列方式上紧压板螺栓。

⑫关闭泄压阀。

⑬开启平衡阀，让上腔充压。

⑭开启滑动闸板阀。

⑮转动上腔齿轮使其向下走并与下腔齿轮啮合。

⑯转动下腔齿轮把孔板夹完全放到流量计正常运转位置。

⑰关闭滑动闸板阀。

⑱关闭平衡阀。

⑲开启泄压阀泄上腔压力。

⑳如滑动闸板阀不密封则注入专用密封脂。

㉑上腔压力放掉后关闭泄压阀。

5. 维护保养要求

①分离器应保持外表清洁，回场后，应及时进行检查保养，若发现锈蚀和掉漆的地方，应及时除锈、补漆。对于存放待用的要定期清洁，不能有油垢。完好的分离器送到现场，现场人员应保持其清洁。

②定期打开清洁口清洗排污，以免分离物结块，造成出口堵塞。

③定期对分离器的螺栓、丝杆、接口、钢圈槽及节流阀等涂抹润滑油脂，以防锈蚀影响性能和操作。

④定期检查孔板夹，发现密封性能不完好的应立即更换。

⑤严格按照压力容器相关管理规定定期进行压力容器检测。

⑥定时巡检温度计、压力表和液位计，并做好记录。根据工艺要求随时调整分离器的工作工况。

⑦流程安装完毕后必须进行试压，试压时须严格按照相关安全规程操作，并认真按照规定填写试压记录，妥善保存。

（四）安全注意事项

①安全阀每年进行送检，保证开启灵活，不渗不漏。

②不能随意拆卸、调整安全阀，严禁带压检修分离器。

③定期检查分离器及其外接管线，确保其安全可靠。

④应安装接地装置，做好防雷击措施。

⑤操作人员应经设备使用单位培训，并考试合格后方可上岗。

⑥含硫气井分离器操作时应提前开启防爆排风扇并佩戴正压式空气呼吸器。

⑦分离器安装试压完成后，需要再次对连接螺栓进行检查紧固。

⑧吊装前做好 JSA 分析、开具吊装作业票据，吊装过程中严格执行吊装相关操作规程，专人指挥、专人监护。

九　流程管线

（一）流程管线选择

按井口最大关井压力预测结果选择确定流程安装方式。目前常用的流程连接方式有油管连接和法兰连接两种，具体选择见表 2-1-22、表 2-1-23 和表 2-1-24。

表 2-1-22　流程管线选择推荐

预测最大关井井口压力	节流级数	井口至管汇
<35MPa	一级节流	油管连接
35~70MPa	二级或三级节流	法兰连接

预测最大关井井口压力	节流级数	井口至管汇
70~105MPa	三级节流	法兰连接
105~140MPa	三级节流	法兰连接

表 2-1-23　测试放喷管线选用推荐

预测产气量 /（m³/d）	放喷管线和测试管线推荐内径 /mm
≤40×10⁴	$\phi62$
40×10⁴~80×10⁴	$\phi76$
≥80×10⁴	$\phi108$ 管线

表 2-1-24　目前常用流程油管

名称	规格型号	钢级	扣型	内径 /mm	外径 /mm
普通油管	73×5.51/P110 NU	P110	平式	62	73.02
普通油管	89×6.45/P110 NU	P110	平式	76	88.9
普通油管	73×5.51/N80 NU	N80	平式	62	73.02
普通油管	89×6.45/N80 NU	N80	平式	76	88.9
抗腐蚀油管	89×6.45/C90SS NU	C90SS	平式	76	88.9
抗腐蚀油管	89×6.45/C90SS EU	C90SS	加厚	76	88.9

（二）油管、短节连接及拆卸

1. 安装操作要求

①清洗：用钢丝刷清洁油管、油管短节、油管接箍丝扣，再用清洗剂、棉纱清洗并擦拭干净。

②缠绕密封胶带：正对油管短节公扣丝扣端，按顺时针方向均匀缠绕密封胶带。

③涂抹黄油：把黄油均匀涂抹至油管短节公扣上。

④对扣：抬起油管短节，使其与流程固定端油管接箍在同一水平面进行对扣。

⑤引扣：逆时针旋转油管短节 2~3 圈，再顺时针旋转 3~5 圈。

⑥上扣：用手顺时针对油管短节进行上扣。

⑦紧扣：用管钳顺时针紧扣至油管短节丝扣上满或接箍轻微发热。

⑧水泥基墩固定：采用长大于 0.8m，上宽大于 0.6m、下宽 0.8m，深大于 0.8m 水泥基墩固定。也可使用膨胀螺钉固定。

⑨回收工具、物资，进行保养，摆放到位。

2. 拆卸操作

①检查：检查管线内压力是否归零，管内有无油污、泥浆等，确保管内是清水，含硫气井拆卸前必须检查管道内有无残留硫化氢。

②松扣：打好备钳，使用主钳从活动管线一端逆时针方向开始松 3~5 圈。

③卸扣：抬起油管短节或油管，使其与流程固定端油管接箍在同一水平面进行手动卸扣，直至脱离。

④回收工具、物资，进行保养、摆放到位。

3. 使用技术要求

①检查工具配套、有无裂痕。

②检查油管短节是否符合要求，本体有无弯曲、砂眼，丝扣有无损伤。

③搬运物资材料过程中须配合一致、规范操作，避免人身伤害。

④丝扣必须清洗干净，不留杂质。

⑤用毛刷均匀涂抹黄油，黄油必须干净、无杂质。

⑥上扣前必须先进行对扣和引扣。

⑦紧扣时，操作人员左手扶正钳头，右手虎口朝下，半握、下压钳柄。

⑧用管钳紧扣时，操作人员严禁跨在油管上方。

⑨紧扣 / 松扣过程中，密切注意钳头、钳牙，避免钳头折断或钳牙打滑使人员受伤。

⑩油管卸扣时应在其下部垫枕木防止管线突然脱离。

4. 安全注意事项

①在搬运油管时，严禁错肩搬运，禁止丢摔油管及短节，避免损坏丝扣。

②要使用合适的管钳拆装油管，禁止使用加力杆拆装油管。

③严禁雨天使用冲击锤进行流程固定，防止线路短路触电。

④使用二锤和榔头进行敲击时必须佩戴护目镜。

⑤流程安装点多人散，交叉作业频繁，严格做到"四不伤害"。

（三）法兰连接及拆卸

1. 安装操作要求（以安装 65-70 法兰为例）

①清洗：用棉纱、柴油清洗钢圈、钢圈槽，并擦拭干净；用钢丝刷、清洗剂清洗螺栓并擦拭干净。

②检查钢圈、钢圈槽密封面及螺栓丝扣有无损伤。

③在固定端法兰钢圈槽内均匀涂抹黄油、安装 BX153 钢圈。

④吊装法兰短节，使其与固定端法兰在同一水平面上，使钢圈进槽，对齐螺孔，穿入 M22×160 螺杆、戴齐螺帽。

⑤用 34mm 敲击扳手、榔头对角敲击、紧固螺栓。

⑥用塞尺（或目视）检查法兰间隙，确保一致，螺杆两端出帽 2~3 扣。

⑦回收、保养工具、物资后摆放到位。

2. 拆卸操作

①检查：

a. 检查管道内压力是否归零，有无油污、泥浆残留物；

b. 含硫气井拆卸前必须检查无硫化氢残留。

②拆卸连接螺栓：用 34mm 敲击扳手依次拆卸上法兰连接螺栓。

③卸法兰件：使用吊车调整使法兰件与固定端法兰在同一水平面上，缓慢往外拉法兰，解体法兰件。

④摆放到位：将卸下的法兰件吊装在备用材料区域整齐摆放，并把钢圈槽侧面摆放。

⑤检查法兰件钢圈槽、螺栓、金属密封面有无损伤并均匀涂抹黄油，包扎防潮布，盖上防雨布。

⑥回收、保养工具、物资后摆放到位。

常见法兰连接参考见表 2-1-25。

表 2-1-25　常见法兰连接参考

法兰型号	28-140	28-105	28-70	78-140	78-105	65-105	65-70
钢圈	BX158	BX158	BX158	BX154	BX154	BX153	BX153
双头螺栓	M70×640	M52×495	M45×385	M36×265	M30×210	M27×185	M22×160
敲击扳手	100mm	80mm	70mm	55mm	46mm	41mm	34mm

3. 使用技术要求

①检查钢圈、法兰短节等材料的规格、型号、压力级别是否符合要求。

②钢圈、钢圈槽及螺栓丝扣必须清洗干净，无损伤、不留杂质。

③钢圈及钢圈槽密封面无损伤。

④对接法兰时应平稳操作，使钢圈入槽，防止碰坏、挤坏钢圈。

⑤紧固螺栓时必须对角紧固，使法兰平面间隙一致，螺栓两端出帽不少于 2~3 扣。

4. 安全注意事项

①吊装时由专人指挥，吊臂下严禁站人。

②使用敲击扳手紧固螺帽时必须佩戴防护眼镜。

③操作连接法兰作业时，人员要站在侧面操作，严格做到"四不伤害"原则。

④法兰安装试压完成后，需要再次对连接螺栓进行检查紧固。

十　封隔器

指连接于井下管柱之上，用于封隔油管与油气井套管或裸眼井壁环形空间的井下工具。

（一）封隔器的构成

①胶皮封隔件：通过水力或机械的作用，使胶皮筒膨胀密封油管和套管的环形空间，把上下油气层分隔开，以达到施工的目的。

②钢体：指与上下连接的部件，比如上接头、中心管、下接头等。

③控制部件：主要指坐封机构、锁紧机构、解封机构及其他的功能机构，比如循环机

构或平衡机构等。

（二）类型及坐封解封方式

1. 分类

封隔器分为自封式、压缩式、扩张式、楔入式四种，分类代号见表2-1-26。

表2-1-26　分类代号

分类名称	自封式	压缩式	扩张式	楔入式
分类代号	Z	Y	K	X

①自封式封隔器：常用为Z231、Z331皮碗封隔器，结构简单、操作方便、采用液压自封原理，取消了封隔器的坐、解封机构和相应操作。

②压缩式封隔器：目前使用范围最广、应用效果最好、型号最多的封隔器，常用的型号主要有：支撑类Y111、Y141，单向卡瓦重力坐封类Y221、Y211，液压坐封无支撑类Y341、Y344，单向卡瓦液压坐封类Y241，双向卡瓦液压坐封类Y441，锚定支撑类Y521、Y541 等。

③扩张式封隔器：常用为K341或K344，两种封隔器的区别在于锁紧方式和解封方式；特点是：施工操作简单，不需改动施工工艺；适应性强可用于各种不同条件的油气井；坐封容易、解封可靠，承压差大、耐温高。

④由于楔入式解封困难，一般采用永久性封隔器进行作业。

2. 支撑及坐封解封方式

支撑方式代号、坐封方式代号及解封方式代号分别见表2-1-27、表2-1-28 和表2-1-29。

表2-1-27　支撑方式代号

尾管	单向卡瓦	无支撑	双向卡瓦	锚瓦
1	2	3	4	5

表2-1-28　坐封方式代号

提放管柱	转管柱	自封	液压	下工具
1	2	3	4	5

表2-1-29　解封方式代号

提放管柱	转管柱	钻铣	液压	下工具
1	2	3	4	5

（三）型号编制

以 Y341、K344 封隔器编制举例。

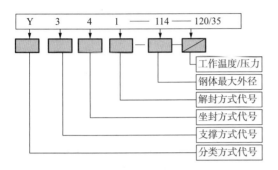
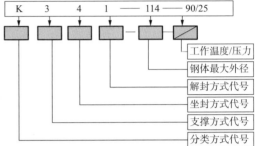

（四）技术要求

①使用封隔器时必须检查合格证并存档。

②封隔器入井时，若井况不明，必须通井、刮管、循环洗井。

③封隔器下入井内位置必须符合设计（避开套管接箍）要求。

④封隔器管柱连接螺纹必须涂抹密封脂。

⑤入井的工具、油管、短节必须逐根通径，不合格管件严禁入井。

⑥下管件时做好井口遮盖，严防井内落物。

⑦地面连接工具和入井时，要保护好封隔器胶皮，防止碰撞，影响密封效果。

⑧每套工具在地面必须进行过球实验并编号记录，防止滑套和封隔器顺序错误。

⑨管柱带封隔器时要控制下钻速度，操作要平稳，当下到造斜点及接近设计井深时，下放速度不应超过 5m/min。油管未下到预定位置遇阻或上提遇卡时，悬重下降控制不超过 20~30kN，并平稳活动管柱，循环冲洗，严禁猛顿、硬压。

第二节　APR 测试工具

一套基本的 APR 地层测试工具包括以下组件：RTTS 安全接头、液压旁通阀、BJ 震击器、RD 循环阀、压力计托筒、RD 安全循环阀、LPR-N 阀、OMNI 阀、伸缩接头等，常用测试封隔器有 RTTS 封隔器和 CHAMP 封隔器。

一　OMNI 循环阀

OMNI 循环阀参数见表 2-2-1。

表 2-2-1 OMNI 循环阀参数

名称	外径/mm	内径/mm	长度/m	工作压力/psi	抗拉/Lbs	工作温度/℉	适用套管/mm	扣型
OMNI 循环阀	127	57	6.4	15000	371000	400（使用 600 系列的 O 形圈和支撑密封）	177.8 及以上	CAS
	99	45	7	15000	175654	400（使用 600 系列的 O 形圈和支撑密封）	139.7	CAS

（一）用途

OMNI 循环阀是一种全通径测试工具，是由环空压力操作、循环孔可多次开关的循环阀；向环空加压至预定操作压力，稳定 1min 后泄压，可使该循环阀进行换位。

通过多次加压、泄压操作，可达到预定位置；循环换位一周需要 15 次加压、泄压操作，其中 7 次处于测试位置，4 次处于循环位置，4 次处于过渡位置。该循环阀，应用于套管井地层测试，还可应用于酸化、挤注液垫、管柱试压等特殊作业类型。

（二）结构组成

OMNI 循环阀主要由氮气室部分、油室部分、循环部分和球阀部分组成，如图 2-2-1 所示。

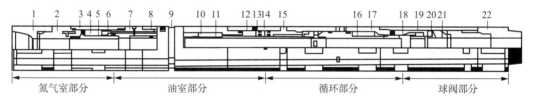

图 2-2-1 OMNI 循环阀结构示意图

1—上接头；2—充氮接头；3—氮气室外筒；4—氮气室；5—氮气室心轴；6、13—浮动活塞；7—动力接头；8—操作外筒；9—换位总成；10—油室；11—油室心轴；12—油室外筒；14—传压孔；15—密封接头；16—循环孔及心轴；17—循环外筒；18—弹簧爪；19—球阀外筒；20—操作臂；21—球及球座总成；22—下接头

①氮气室部分：由氮气室外筒、充氮接头、氮气室芯轴和浮动活塞等组成。氮气室中氮气可压缩，能够暂时储存能量，也能释放能量。根据地面温度、井底温度和静液柱压力，查充氮压力表，可计算出所需充氮压力值。

②油室部分：由动力接头、操作外筒、油室外筒、浮动活塞、油室芯轴和换位总成等组成。换位总成包括换位芯轴、滑套、钢球、常闭阀、活塞及操作外筒；在硅油压力作用下，活塞沿着换位芯轴上下运动，带动滑套完成换位动作；在特定位置处，活塞传递动力给滑套、钢球，带动换位芯轴、油室芯轴做上下运动。

③循环部分：由循环外筒、循环芯轴和循环孔等组成。油室芯轴带动循环芯轴向下运动，打开循环孔，从而建立管柱内外的循环通道。

④球阀部分：由球阀、弹簧爪和操作臂等组成。循环芯轴带动弹簧爪及操作臂上下运动，使球阀旋转，实现球阀开关。

（三）工具原理

OMNI 循环阀的核心部件是换位总成。当环空反复加压、泄压时，在换位总成的控制下，OMNI 循环阀进行不同位置之间的相互转换。根据井底温度和静液柱压力查表可计算出 OMNI 循环阀操作压力，与 LPR-N 测试阀同时入井时，两者充氮压力相同，操作压力也相同。

（四）操作与维护保养

1. 安装步骤（以 5″OMNI 循环阀为例）

①将充氮接头水平置于虎钳上。

②装入氮气芯轴（注少量硅油于芯轴上，严禁抹黄油），上紧丝扣。

③装氮气室活塞（必要时用铜棒均匀敲击）。

④水平装氮气室壳体，上紧丝扣。

⑤装入油室双公短节（注意保护密封件）。

⑥充氮，检查氮气室部分。在充氮阀体上装好充氮压力表总成（压力表量程为10000psi 及以上），连接好充氮管线、氮气泵（管线为红色）、氮气瓶、氮气瓶出口压力表总成（压力表量程为 5000psi）及高压空气气源；给氮气室充入一定量的氮气，关上氮气瓶的开关，然后打开氮气泵泄压阀，排出工具内充入的氮气，重复 3 次，排出氮气室内的空气；给氮气室充氮气至 4000psi，关闭充氮压力表总成针形阀和氮气瓶出口开关，泄掉氮气泵压力，卸掉充氮管线；观察 15min，充氮压力表总成上氮气压力无渗漏，本体无渗漏则氮气室组装合格；泄氮气压力为零，继续组装 OMNI 阀。

⑦将换位套套入换位芯轴（也称动力芯轴）。

⑧将钢球装入换位槽 14 与 14.5 之间键槽处。

⑨在换位芯轴上装入动力阀（注意方向）。

⑩将换位芯轴插入油室双公短节。

⑪水平装入油室芯轴，与换位芯轴相连，上紧丝扣。

⑫装入换位芯轴壳体，上紧丝扣。

⑬套入油室平衡活塞。

⑭装入油室壳体，上紧丝扣。

⑮装入连接短节（双公）。

⑯将背钳置于油室芯轴下六方处，水平装入循环短节及循环下芯轴（检查确认金属和橡胶密封件性能良好，无损伤），均匀涂抹足量专用黄油。

⑰水平装入弹簧爪（须进入槽内）。

⑱装入换位芯轴壳体。

⑲将已装好的球阀总成插入弹簧爪底部（检查确认）。

⑳装入球阀操作臂。

㉑水平装入球阀壳体，上紧丝扣。

㉒装入下接头，上紧丝扣。

㉓将OMNI循环阀整体倾斜放置，注满硅油后停泵，上紧注油塞。

2. 拆卸步骤

①将充氮接头六方处平置于虎钳，卸掉充氮阀氮气塞，安装充氮压力表总成（压力表量程为10000psi及以上）。

②关闭充氮压力表总成上的针形阀，缓慢打开充氮阀体上的冲氮阀，再缓慢开启充氮压力表总成上的针形阀，泄氮气压力至零。

③卸掉充氮压力表总成。

④将背钳置于球阀壳体六方处，油室部分向下倾斜，油室壳体的注油孔及油塞对齐并向下。

⑤卸掉油塞，将硅油卸入油盆。

⑥卸尽硅油后，将循环壳体上部的连接短节（双公）水平置于虎钳上。

⑦将背钳置于球阀壳体六方处。

⑧卸掉下接头。

⑨将背钳置于循环壳体六方处。

⑩卸掉球阀壳体。

⑪拔出球阀总成，取下操作臂。

⑫卸掉球阀总成上下球座（检查球阀损伤情况）。

⑬卸掉循环壳体（必要时用铜棒均匀敲击）。

⑭取下弹簧爪。

⑮卸掉循环下芯轴（检查循环下芯轴的金属和橡胶密封环；注意：OMNI处于测试位才能拆卸本部件，即保养OMNI循环阀前须将其操作至测试位）。

⑯卸掉循环短节。

⑰将油室双公短节（连接油室壳体和氮气室壳体）水平置于虎钳；背钳置于动力阀上的油室壳体六方处。

⑱卸掉连接短节（双公）。

⑲用专用工具取出油室平衡活塞。

⑳卸掉平衡活塞上的油室壳体。

㉑卸掉动力阀上的油室壳体。

㉒将背钳置于换位芯轴六方处。

㉓卸掉油室芯轴（检查芯轴有无损伤）。

㉔拔出换位芯轴（必要时用铜棒均匀敲击；检查损伤情况）。

㉕取出换位芯轴上的换位套、钢球、动力阀（置于硅油中浸泡）。

㉖将充氮接头（双公短节，内置充氮阀体）置于虎钳。

㉗将背钳置于氮气室壳体六方处。

㉘卸掉油室双公短节（连接油室壳体和氮气室壳体）。

㉙用专用工具取出氮气室平衡活塞（上部为氮气、下部为硅油）。

㉚卸掉氮气室壳体。

㉛卸掉氮气芯轴。

㉜卸掉上接头和充氮双公短节。

㉝用专用工具取下所有 O 形圈、支撑密封，检查密封件及其他部件损伤情况。

注意：油室部分、氮气部分总成在清洗完毕后，须用毛巾擦干、空气泵吹干，不得沾有汽油、黄油、水分。

（五）使用技术要求

①操作过程中，准确记录加压、泄压的次数、操作压力、稳压时间、井口油压变化情况。

②若油管、环空存在液柱差，环空泄压至油套液柱差值，防止管柱内液体进入环空；OMNI 阀操作压力小于射孔枪最低起爆压力 7MPa。

③若油管中为加重酸液，操作 OMNI 循环阀时应提高 OMNI 循环阀的操作压力，但其操作压力应小于射孔枪最低起爆压力 7MPa；泄压至油套压液柱差值。

（六）安全注意事项

①氮气室内严禁使用黄油，须用 20# 硅油润滑。

②氮气室的保养，用六方扳手拧紧密封即可，严禁使用加力杆。

③氮气室的组装顺序，氮气室活塞从下端安装，充氮时注意排三次以上空气。

④检查氮气室外筒，氮气室芯轴，油室外筒，油室芯轴有无损伤或变形。

⑤检查换位机构换位槽完好，检查换位套钢珠的安装孔有无损伤，否则就要更换到另一组换位孔，换位部位要求灵活无卡阻现象。

⑥检查换位芯轴上端外圆密封面是否完好。

⑦检查循环孔是否完好。

⑧检查循环芯轴上的两道密封是否完好、有无划伤腐蚀现象。

二 LPR-N 测试阀

LPR-N 测试阀参数见表 2-2-2。

表 2-2-2 LPR-N 测试阀参数

名称	外径/mm	内径/mm	长度/m	工作压力/psi	抗拉/Lbs	工作温度/℉	适用套管/mm	扣型
LPR-N 阀	127	57	4.8	15000	367000	400（使用 600 系列的 O 形圈和支撑密封）	177.8 以上	CAS
	99	45	5	15000	219000	400（使用 600 系列的 O 形圈和支撑密封）	139.7	CAS

（一）用途

LPR-N 测试阀是靠环空压力操作的井下测试阀，用于套管井的 DST 作业。当管柱操作（提放、旋转等）受到限制或需用全通径测试管柱时，用它来实现井下多次开关。

（二）结构组成

LPR-N 测试阀由球阀、氮气动力和计量三部分组成（图 2-2-2）。

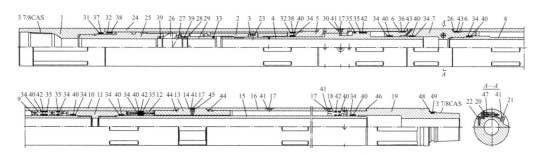

图 2-2-2　LPR-N 测试阀结构示意图

1—上接头；2—连接套；3—定位块；4—剪切芯轴；5—动力短节；6—压环；7—充氮阀体；8—氮腔芯轴；9—浮动活塞；10—氮腔外筒；11—连接接头；12—计量套；13—计量短节；14—加油塞；15—油腔芯轴；16—计量套筒；17—下注油塞；18—平衡活塞；19—下接头；20—氮气塞；21—充氮圈；22—限位螺钉；23—拉簧；24—球阀外筒；25—下座圈；26—球阀总成；27—操作销；28—座弹簧；29—上座圈；30—剪销；31~36—支撑密封；37~49—O 形密封

1. 球阀部分

主要包括球阀和转动球阀相关的部件。球阀入井时，既能处于关闭位置，也能处于开启位置，由工具组装时设定。当球阀置于开启位置入井时，则第一次环空加压和泄压后将使球阀恢复到操作状态（即关闭状态）。在此状态下，环空加压使球阀开启，泄压则球阀关闭。

2. 氮气动力部分

主要包括剪销、操作活塞和氮气腔。操作活塞的一端感应环空压力，另一端感应压缩氮气的压力。环空加压时，压力驱动操作活塞下移，压缩氮气，同时带动球阀操作臂，使球阀转动开启。环空泄压时，在氮气压力作用下，使活塞上移，球阀关闭。剪销防止下工具过程中球阀过早开启。哈里伯顿公司给出的剪销剪切力是指剪销装到工具后，剪切剪销所需加的环空压力。剪销一般安装四个，不得少于三个。

3. 计量部分

其主要部件是计量套。计量套将硅油腔隔离成上下两部分，计量套内的计量阀，其开启和关闭压力在 200~450psi（1.38~3.1MPa），计量套内的流道呈迷宫状，狭窄而曲折。上油腔压力与氮气室压力相通，下油腔压力与环空压力相通。当环空压力快速变化时，由于计量套的节流作用，上油腔压力不能与下油腔同步变化，从而控制氮气室压力增长的速度，产生操作动力部分所需的压差。在环空压力不变化时，计量阀的截止阀的剩余压力可以使上下油腔间仍保持一定的压差（即氮气室和环空之间保持一定的压差），以防止球阀因环空压力的微小波动而改变位置。

（三）工具原理

①LPR-N阀内压的变化不影响球阀的开启与关闭。

②增大环空压力，就可增大关闭球阀的操作力。因为开启球阀时，氮气压缩储存能量，环空泄压时，氮气释放能量使球阀关闭，增大环空压力就增加了氮气储存的能量，从而增大了关闭球阀的操作力。

③球阀和球座间是金属密封，具有较强的气密封能力。

④球阀既可以在关闭位置也可以在开启位置入井。

（四）操作与维护保养

1. 安装步骤（以5″LPR-N测试阀为例）

①充氮接头平置于虎钳，将剪切芯轴装入充氮接头，其定位槽方向朝上。

②连接短节套入剪切芯轴后，对于3⅞″LPR-N阀，装上限位箍（座帽）；对于5″LPR-N阀，则在连接短节的定位槽内装上弹簧和定位块。

③将动力短节装入，与充氮接头相连，上紧丝扣。

④安装球阀总成后，插入连接短节。

⑤安装球阀操作臂，注意操作臂和球阀的位置，使球阀处于关闭状态。

⑥将球阀壳体水平装入，与动力短节相连，上紧丝扣。

⑦将虎钳置于球阀壳体六方处，装入上接头，上紧丝扣，球阀组装完成。

⑧将氮气室平衡活塞（其丝扣在下方）套入氮气室芯轴。

⑨装入氮气塞芯轴，与氮气接头相连，上紧丝扣。

⑩装入计量套连接短节，与氮气室芯轴相连，上紧丝扣。

⑪将计量套套入油室芯轴。

⑫将油室芯轴（带上计量套，注意方向，有UP符号一端在上）与计量套连接短节相连，上紧丝扣。

⑬水平装入氮气室壳体（可用铜棒均匀敲击），与充氮接头相连，上紧丝扣。

⑭水平装入油室双公短节（注油短节），与氮气室壳体相连，上紧丝扣。

⑮用专用工具从油室芯轴下端套入平衡活塞。

⑯将背钳置于氮气室壳体或油室双公短节后，水平装入油室壳体。

⑰装入下接头，上紧丝扣。

2. 拆卸步骤

①将LPR-N阀充氮接头六方处平置于虎钳，卸掉充氮阀氮气塞，安装充氮压力表总成（压力表量程为10000psi及以上）。

②关闭充氮压力表总成上的针形阀，缓慢打开充氮阀体上的充氮阀，再缓慢开启充氮压力表总成上的针形阀，泄氮气压力至零。

③卸掉充氮压力表总成。

④将背钳置于球阀壳体六方处，球阀一端整体向上倾斜，油室部分向下倾斜，且计量套壳体和油室壳体的注油孔及油塞对齐并向下。

⑤卸掉油塞，将硅油卸入油盆。

⑥卸尽硅油后，将LPR-N阀整体平置于虎钳上。

⑦将背钳置于球阀壳体六方处，卸掉上接头。

⑧将背钳置于动力短节处，卸掉球阀壳体。

⑨取掉球阀操作臂，拔出球阀总成（卸上下球座，检查损伤情况）。

⑩对于3⅞″ LPR-N阀，卸掉限位箍（座帽）；对于5″ LPR-N阀，取掉弹簧和定位块。

⑪拔出连接短节。

⑫将背钳置于充氮接头六方处，卸掉动力短节壳体。

⑬拔出剪切芯轴（检查球阀、芯轴损伤情况）。

⑭将背钳置于油室壳体六方处，卸掉下接头。

⑮用专用工具取出油室平衡活塞。

⑯将背钳置于油室双公短节（注油短节），卸掉油室壳体。

⑰将背钳置于计量套壳体六方处，卸掉油室双公短节（注油短节）。

⑱将背钳置于充氮壳体六方处，卸掉计量套壳体（可用铜棒均匀敲击）。

⑲卸掉计量套上连接短节，与油室芯轴一起取出。

⑳可活动拔出计量套（注意避免掉落损伤计量套，检查计量套有无损伤，并置于硅油中浸泡，浸泡后用空气泵吹干计量套，严禁用汽油、黄油、水等冲洗计量套）。

㉑将背钳置于计量套连接短节处，卸掉油室芯轴（检查芯轴光滑度、损伤情况）。

㉒用专用工具取出氮气塞平衡活塞（平衡氮气压力和硅油压力）。

㉓卸掉氮气塞芯轴。

㉔用专用工具取掉所有O形圈、支撑密封；检查密封件及其他部件损伤情况。

注意：油室部分、氮气部分总成在清洗完毕后，须用毛巾擦干、空气泵吹干，不得沾有汽油、黄油、水分。

（五）使用技术要求

①操作时平稳快速地向环空加压。加压时间越短，开启球阀的操作力就越大。确保环空加压在1min内完成，测试压差越大，加压时间就应越短。

②快速泄压，泄压时间越短，关闭球阀的操作力就越大。泄压缓慢，球阀可能处于半开半关状态，地层流体很容易刺坏球阀和阀座。

③环空加压后，要保持压力10min以上，氮气才能储存足够的能量，保持球阀关闭。

④远距离运输LPR-N阀时，需在氮气腔内充注较低压力的氮气，以保持氮气腔的清洁。

（六）安全注意事项

①氮气室内严禁使用黄油，必须用 20# 硅油润滑。

②充氮气时，氮气室先注入 100~150mL 硅油。

③氮气室的保养，用六方扳手拧紧密封即可，严禁使用加力杆。

④氮气室的组装顺序，氮气室活塞都从下端安装，充氮时注意排三次以上空气。

⑤检查氮气室外筒、氮气室芯轴、油室外筒、油室芯轴，确保其无损伤或变形。

⑥检查剪销，确保其已更换。

三 RDS 循环阀

RDS 循环阀参数见表 2-2-3。

表 2-2-3　RDS 循环阀参数

名称	外径 /mm	内径 /mm	长度 /m	工作压力 /psi	抗拉 /Lbs	工作温度 /℉	适用套管 /mm	扣型
RDS 循环阀	127	57	1.7	15000	313833	450（使用 600 系列的 O 形圈和支撑密封）	177.8 及以上	CAS
	99	45	1.8	15000	187336	450（使用 600 系列的 O 形圈和支撑密封）	139.7	CAS

（一）用途

RDS 循环阀是靠环空压力操作的全通径安全阀，主要用于测试后期封闭测试管柱和循环压井。作为安全阀，它可以在测试的任何时间在关闭测试管柱的同时打开循环孔，进行循环作业。

（二）结构组成

RDS 循环阀结构见图 2-2-3。

1. 循环部分

具有循环孔，入井或测试期间被剪切芯轴密封。剪切芯轴由剪销固定。

2. 动力部分

提供操作剪切芯轴和下部球阀所需的动力。剪切芯轴与压差外筒间形成气室（即大气压力），剪切芯轴台阶上部空间与环空之间由破裂盘隔开。剪切芯轴由剪销固定。

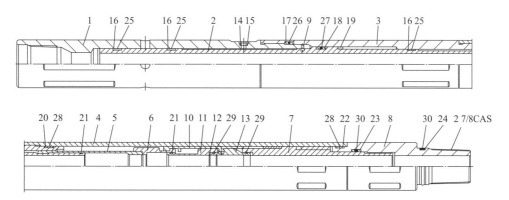

图 2-2-3　RDS 循环阀结构示意图

1—上接头；2—剪切芯轴；3—芯轴外筒；4—球阀外筒；5—连接抓；6—连接短节；7—下座圈；
8—下接头；9—剪销；10—操作销；11—上座圈；12—座弹簧；13—球阀总成；14—破裂盘；
15—矩形密封；16~24—支撑密封；25~30—O 形密封

3. 球阀部分

包括球阀总成、操作臂和弹簧爪。当剪切芯轴下移时，被限定在剪切芯轴槽内的弹簧爪随其一起下移，推动操作臂使球阀转至关闭位置，同时循环孔开启。

（三）工具原理

当环空加压使破裂盘破裂后，环空压力就作用到剪切芯轴台阶上，剪切剪销使剪切芯轴瞬间向下移动，打开循环孔，同时推动球阀转至关闭位置。

RDS 循环阀也可以卸掉球阀部分，成为 RD 循环阀。

（四）破裂盘的选择

破裂盘的实际破裂压力随温度的增加而减小。即使理论破裂压力相同，生产批次不同，其实际破裂压力也不相同。破裂盘包装盒内的标签除标明批号、零件号、理论破裂压力外，还标明了该批次破裂盘在某一特定温度下的平均破裂压力。平均破裂压力是在同一批次内抽检一定数量，经实际检测得到的。

（五）操作与维护保养

1. 安装步骤（以 5″ RD 安全循环阀为例）

①将虎钳置于上接头六方处。

②平推插入剪切芯轴至上接头（芯轴上和上接头密封件处均匀地涂抹少量的硅质油）。

③在上接头的剪销孔内，对称安装 4 颗（可根据需要调整）剪切剪销。

④装入弹簧爪。

⑤装入连接短节（带槽）。

⑥装入剪切芯轴壳体，上紧丝扣。

⑦安装球阀总成，球阀处于关闭位置时均匀涂抹专用黄油于连接短节、芯轴、球阀部分。

⑧安装球阀操作臂（球阀关闭才能装操作臂），往下拉出球阀总成数厘米，使球阀处于开启位置（确认球阀总成安装正确）。

⑨水平装入球阀壳体（可用铜棒均匀敲击）。

⑩将下接头与球阀壳体相连，上紧丝扣。

2. 拆卸步骤

①将虎钳置于 RD 安全循环阀上部接头的六方处。

②卸掉下接头。

③卸掉球阀壳体（可用铜棒均匀敲击）。

④从连接短节上取下操作臂、拔出球阀总成（检查球阀、球笼、操作臂损伤情况）。

⑤从剪切芯轴上卸掉弹簧爪，并将弹簧爪和连接短节分开。

⑥卸掉剪切芯轴壳体。

⑦拔出弹簧爪。

⑧取出剪切芯轴（可用铜棒均匀敲击，检查剪切芯轴的空气腔是否有液体）。

⑨用专用工具取掉所有 O 形圈、支撑密封。

⑩清洗所有工具部件，并用毛巾擦干、空气泵吹干，检查损伤情况。

（六）使用技术要求

① RD 安全循环阀的操作压力要比 LPR–N 或 OMNI 阀的最大操作压力高出 7~10MPa。

②组装 RD 安全循环阀时，注意不要使气室内腔存有黄油，否则循环孔可能无法完全开启，球阀无法完全关闭。

（七）安全注意事项

①空气室严禁涂抹黄油。

②检查外筒内孔上第二道密封面根部的两处倒角有无毛刺。

③检查上接头上的循环孔内壁周围有无毛刺。

④球阀上、下垫圈要上紧，弹簧凹面对着球阀安装。

⑤检查空气室壳体无变形。

四 圆芯轴伸缩接头

圆芯轴伸缩接头参数见表 2-2-4。

表 2-2-4 圆芯轴伸缩接头参数

名称	外径 / mm	内径 / mm	长度 / m	工作压力 /psi	抗拉 /Lbs	工作温度 / °F	适用套管 / mm	扣型
圆芯轴伸缩接头	127	57	6.2	15000	225000	450（使用 600 系列的 O 形圈和支撑密封）	177.8 及以上	CAS
	99	45	6.2	15000	155405	450（使用 600 系列的 O 形圈和支撑密封）	139.7	CAS

（一）用途

圆芯轴伸缩接头的作用是在管柱中提供一段伸缩长度，以补偿管柱长度的变化。在陆上油气井作业中，主要用于补偿由于管柱内外压力的变化造成的鼓胀效应、活塞效应，以及由于流体温度的变化引起的热胀冷缩效应。在海上浮船作业中还用于补偿钻井船的上下浮动。

该工具也可与常规测试工具组合，接在测试器以下进行常规测试。当上提下放钻具操作井下测试阀时，它提供一段较长的自由行程，使自由点更明显，有利于开关井操作的判断。它的应用范围包括了裸眼测试、套管测试、挤水泥、酸化压裂等管柱作业。

（二）结构组成

由上芯轴、下芯轴、外筒、上接头、下接头等组成，如图 2-2-4 所示。

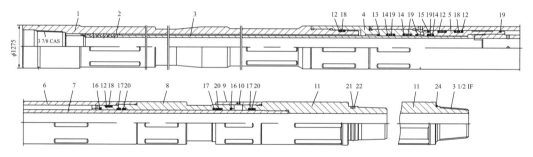

图 2-2-4 圆芯轴伸缩接头结构示意图

1—上接头；2—键；3—上芯轴；4—密封短节；5—活塞；6—外筒；7—下芯轴；8—锁紧短节；9—锁紧帽；10—丝堵；11—下接头；12、14、17、22—支撑密封；13、15、16—擦环；18、19、20、21、23、24—O 形密封

（三）工具原理

工具上有一个容积平衡腔，当工具受力拉伸时，工具内容积增大，同时容积平衡腔内的流体被排入工具内腔，填补了增大的容积。工具受压时，情况正好相反。工具内容积变化与容积平衡腔是等量同步的。确保圆芯轴伸缩接头伸缩时，管柱内压力始终保持不变。

（四）操作与维护保养

1. 安装步骤（以 5″圆芯轴伸缩接头为例）

①在芯轴、连接套、壳体内部密封件部位均匀涂抹足量专用黄油。

②将伸缩接头上芯轴壳体下部六方水平置于虎钳上。

③从上芯轴上部装入连接套及密封短节（连接套母扣向下、密封短节公扣向下）。

④在上芯轴上部装入扭矩块（注意扭矩块方向为斜向上）后，对准壳体键槽，将上芯轴装入上芯轴壳体。

⑤将背钳置于上芯轴壳体六方处，上紧密封短节。

⑥对准开口，装入下芯轴，将连接套与下芯轴丝扣上紧。

⑦装入密封壳体（可用铜棒均匀敲击），上紧丝扣。

⑧装入锁紧短节，上紧丝扣。

⑨装入锁紧帽。

⑩装入下接头，把锁紧帽与下接头连接固定，2个丝堵装入锁紧帽。

2. 拆卸步骤

①将伸缩接头上芯轴壳体下部六方处水平置于虎钳上。

②卸掉锁紧帽上的丝堵2个，将锁紧帽松至最高位置。

③将背钳置于锁紧短节六方处，先后卸掉下接头和锁紧帽。

④将背钳置于下芯轴壳体上部六方处，卸掉锁紧短节。

⑤将背钳置于密封短节六方处，卸掉密封壳体（用铜棒均匀敲击壳体上部）。

⑥将背钳置于连接套，卸掉下芯轴（检查芯轴光滑度、损伤情况）。

⑦将上芯轴壳体上部六方置于虎钳，卸掉密封短节，上芯轴、连接套随密封短节一同取出，从上方向卸掉扭矩块（也称限位滑块）和密封短节、连接套（检查芯轴光滑度、损伤情况）。

⑧卸掉伸缩接头上部壳体。

⑨用专用工具取掉所有O形圈、支撑密封及刮泥环。

⑩清洗所有工具部件，并用毛巾擦干、空气泵吹干，检查损伤情况。

（五）使用技术要求

①圆芯轴伸缩接头一般下在管柱的中部位置，可根据伸缩接头下部重量决定。

②单根伸缩接头的压缩长度约为1.5m，使用前需将锁紧帽松扣，确保入井过程中圆芯轴伸缩接头处于拉伸状态。

（六）安全注意事项

①检查外筒及芯轴有无腐蚀、损伤或变形。
②检查上接头的键槽有无变形或毛刺。

五 震击器

BJ震击器参数见表2-2-5。

表 2-2-5　BJ 震击器参数

名称	外径 / mm	内径 / mm	长度 / m	工作压 力 /psi	抗拉 / Lbs	工作温度 / ℉	适用套管 /mm	扣型
BJ 震击器	127	57	1.6	15000	226000	400（使用 600 系列的 O 形圈和 支撑密封）	177.8 及以上	CAS
	99	45	1.5	15000	190000	400（使用 600 系列的 O 形圈和 支撑密封）	139.7	CAS

（一）用途

震击器用于测试管柱被卡埋时，提供瞬间震击力实现解卡。

（二）结构组成

由震击芯轴、花键外筒、液压缸、震击锤、计量锥体等组成，如图 2-2-5 所示。

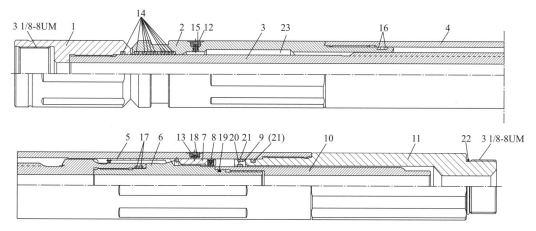

图 2-2-5　BJ 震击器结构示意图

1—上接头；2—花键外筒；3—震击芯轴；4—外筒；5—计量套；6—计量锥体；7—调节螺母；8—螺钉；9—平衡活塞；
10—下芯轴；11—下接头；12—加油塞；13—下注油塞；14~22—O 形密封；23—硅油

（三）工具原理

震击器上油室的液压油有两条通道流向下油室，一条是计量套与液压油缸间很小的间隙；另一条是计量锥体与计量套下部的内圆锥面之间的间隙（可以调节）。通过调节螺母调节计量锥体与计量套下部内圆锥面间的间隙，可以改变震击器的液压延时时间。

BJ 震击器是一种上击震击器，其工作原理与 TR 震击器相似，所不同的是延时时间的调节方式。

（四）操作与维护保养

1. 安装步骤（以 5″BJ 震击器为例）

①将内花键芯轴壳体六方处置于虎钳固定夹紧。

②花键芯轴均匀涂抹少量的硅油后，垫木于花键芯轴下部母扣端，用铜棒均匀对称地

从下向上敲击，将花键芯轴插入花键芯轴壳体内；（其芯轴需伸出花键壳体 9in）并将上接头与花键芯轴连接上紧。

③将背钳置于花键芯轴六方处夹住，将延时套套在延时锥体上（均匀涂抹少量的硅油，将延时锥体公扣与花键芯轴母扣端连接并上紧（注意延时套的斜面和延时锥体斜面朝下）；检查其安装顺序和方向。

④安装调节螺母于延时锥体上后，退至原来的调节格数，并拧紧固定丝堵。

⑤震击器下芯轴上和母扣端及密封处均匀涂抹少量硅油（否则将造成丝扣粘连和密封件损坏）与延时锥体连接并上紧。

⑥将平衡活塞的内外均匀涂抹少量的硅油套在震击器下芯轴上（可用铜棒均匀对称地向上敲击）。

⑦将背钳置于花键芯轴壳体六方处夹住，水平方向将油室壳体与花键芯轴壳体公扣端连接并上紧（注意油室壳体上的 UP 符号朝上）。

⑧将背钳置于油室壳体六方处夹住，水平方向将下接头（双公接头）与油室壳体的下母扣端连接并上紧。

2. 注油

①将震击器的下接头六方处置于虎钳上，使震击器公扣端朝上，母扣端朝下倾斜夹紧。

②将震击器的上下注油孔保持在同一水平面（注油孔朝上），在油室壳体下部的注油孔上装上注硅质油总成装置，上部注油孔用软管线接至油盆内，然后缓慢地将硅质油通过硅质油总成装置注入油室内（直到硅质油无气泡为止）。

③将震击器平置于虎钳上夹紧，取掉上下注油孔上的硅质油总成装置和软管线，并上紧油室孔上的油塞。

3. 拆卸步骤

①确保震击器芯轴处于拉伸状态，用虎钳将花键壳体六方处夹住，使上下注油孔在一水平线上（注油孔方向朝下），并使母扣端朝上公扣端朝下倾斜摆放，同时卸掉上下注油塞，待硅质油缓慢排尽后，将工具水平方向置于虎钳上夹紧。

②将背钳置于延时芯轴壳体六方处夹住，在下接头六方处卸掉震击器下接头（可用铜棒均匀对称地向下敲击）。

③将背钳置于花键芯轴壳体六方处水平夹住，卸掉延时壳体（可用铜棒均匀对称地向下敲击）。

④将背钳置于花键芯轴壳体六方处夹住，从平衡活塞芯轴六方处卸掉下芯轴（检查下芯轴腐蚀、划伤、变形情况，并做好详细记录）。

⑤从平衡活塞下芯轴上拔出平衡活塞（可用铜棒均匀对称地向下敲击，检查平衡活塞腐蚀、划伤、变形情况，并做好详细记录）。

⑥将背钳置于花键芯轴壳体六方处夹住，从调节螺母六方处卸掉延时锥体，并取掉延时套（检查延时锥体、延时套腐蚀、划伤、变形情况，并做好详细记录）。

⑦用专用工具（内六角扳手）卸掉调节螺母上对称的固定丝堵（否则将损坏调节螺母

和延时锥体），做记号并沿顺时针方向旋转调节螺母到锥体端面为止（做好详细记录），并卸掉调节螺母。

⑧将背钳置于花键芯轴壳体上六方处夹住，卸掉震击器上部接头。

⑨垫木于花键芯轴上部公扣端，用铜棒均匀对称地从上向下敲击，取出花键芯轴（检查花键芯轴腐蚀、划伤、变形情况，并做好详细记录）。

⑩用专用工具取下所有 O 形圈，检查密封件及其他部件损伤情况。

注意：油室部分，在清洗完毕后，须用毛巾擦干、空气泵吹干，不得沾有汽油、黄油、水分。

（五）使用技术要求

最大拉力是指起下钻后施加在震击器上的拉力。超过此力的拉力都将使芯轴产生疲劳甚至损坏。当震击时，疲劳周期可能发生在测试管柱的任何工具上；但是，疲劳周期因工具自身的抗拉强度的不同而不同，离芯轴越远，疲劳影响越小。因此，需主要考虑震击器的疲劳破坏。

抗拉极限即施加在震击器上的最大拉力。使用极限拉力将加快震击器的疲劳周期并缩短震击器的使用寿命。

（六）安全注意事项

①下芯轴外圆密封面须认真检查，确保密封性。
②检查花键芯轴无损伤或变形。
③连续震击 10 次或壳体温度升高时停止作业，待温度降低后方能继续。
④试压时，确保震击芯轴处于拉伸状态，防止设备损坏和人员伤害。

六 RTTS 安全接头

（一）用途

将 RTTS 安全接头接在封隔器之上，当封隔器被卡埋时，对管柱施加拉力，使张力套断开，然后进行上提下放右旋运动，使其芯轴倒开解脱，起出 RTTS 安全接头以上的管柱。

（二）结构组成

由上接头、芯轴、反扣螺母、张力套、下接头等组成，如图 2-2-6 所示。

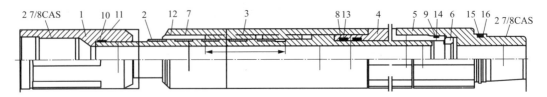

图 2-2-6　RTTS 安全接头结构示意图

1—上接头；2—芯轴；3—花键外筒；4—连接接头；5—下接头；6—拉套；7—螺母；8、9、10、16—支撑密封；
11~15—O 形密封

（三）工具原理

RTTS 安全接头的下接头内有一张力套，张力套使所有部件锁定在非操作位置，不能相互运动，可以防止其过早脱开。当需要解脱安全接头时，先上提管柱施加一定的拉力拉断张力套，再按上提—右旋—下放—右旋的操作方式，逐步倒开其上部的反扣螺母，使整个RTTS 安全接头分解为两段，起出安全接头以上的管柱。

（四）操作与维护保养

1. 安装步骤（以 5″RTTS 安全接头为例）

①用虎钳夹住安全接头壳体。

②将芯轴顶端从反扣螺母顶端插入，并使螺母内花键槽和芯轴的外花键槽配合连接。

③通过左旋芯轴上紧螺母（用专用黄油润滑螺母丝扣和芯轴）。

④徒手安装螺母到壳体轴肩，倒扣半圈。

⑤将密封连接短节与安全接头外筒相连接。

⑥保持芯轴处于最低位置，徒手安装张力套与下芯轴连接（勿使用扳手等工具）。

⑦安装下接头并上紧丝扣。

2. 拆卸步骤

①用虎钳将安全接头外筒水平放置夹住。

②卸掉上、下接头。

③卸掉张力套。

④从壳体上卸下密封连接短节。

⑤通过右旋芯轴（右旋螺纹）旋出螺母。

⑥从壳体底部取出芯轴。

⑦清洁所有零部件，取出并更换张力套及所有密封件，检查密封件及其他部件损伤情况。

注意：清洗完毕后，用毛巾擦干、空气泵吹干，不得沾有汽油、黄油、水分。

（五）使用技术要求

①地面进行试内压时不能安装张力套，试压完成后需将张力套重新安装。

②室内调试试压前先将安全接头下接头拆掉，取出张力套；工具两端安装变丝及试压堵头，一端堵死，一端安装快速接头并连接试压管线、试压泵逐级加压，每级稳压 5min，最后一级缓慢加压 10000psi，稳压 15min，无渗漏为合格。

（六）安全注意事项

①入井前确认张力套的拉断值。

②检查芯轴的外圆密封面有无损伤或变形。

③检查下接头母扣止口处的内密封面有无损伤或变形。

④组装时其反扣螺母用手上满扣即可，禁止使用管钳。

七　液压循环阀

液压循环阀参数见表 2-2-6。

表 2-2-6　液压循环阀参数

名称	外径 /mm	内径 /mm	长度 /m	工作压力 /psi	抗拉 /Lbs	工作温度 /℉	适用套管 /mm	扣型
液压循环阀	127	57	2.1	15000	261750	450（使用 600 系列的 O 形圈和支撑密封）	177.8 及以上	CAS
	99	45	2.1	15000	176000	450（使用 600 系列的 O 形圈和支撑密封）	139.7	CAS

（一）用途

液压循环阀可接于测试阀以上或测试阀以下。当接于测试阀以下时，该工具作为封隔器的上部旁通；封隔器解封时，平衡封隔器上下压差；在封隔器起下过程中，减小封隔器的抽汲效应。该工具接于测试阀以上时，在测试结束后做循环阀使用。

（二）结构组成

液压循环阀主要由延时计量部分和旁通阀部分组成，如图 2-2-7 所示。

延时计量部分的主要部件是计量套。计量套将液压油缸分成上下两部分，液压油从上向下流过计量套时，计量套对液压油没有节流延时作用；液压油从下向上流过计量套时，计量套对液压油有节流延时作用。旁通阀部分包括液力活塞、循环套、循环外筒和下接头。

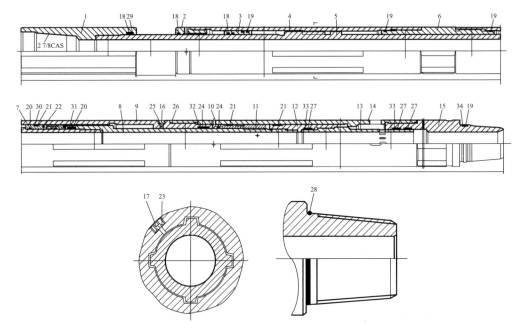

图 2-2-7　液压循环阀结构示意图

1—上接头；2—阀帽；3—浮动活塞；4—花键外筒；5—花键芯轴；6—短节；7—计量套；8—下芯轴；
9—计量外筒；10—锁定活塞；11—扭力凸耳；12—套筒接头；13—循环套；14—循环外筒；15—下接头；
16—加油塞；17—下注油塞；18~28—O形圈；29~34—支撑密封

（三）工具原理

当工具处于压缩状态时，循环套上的循环孔位于下接头内，循环通道被关闭。循环套与延时芯轴之间的连接器上端感应管柱内压力，下端感应环空压力，当管柱内压力大于环空压力时，可以对延时芯轴产生向下的锁紧力，使液压循环阀不会被轻易拉开。

计量套随芯轴运动。当对工具施加钻压时，工具产生延时关闭旁通孔；而上提时，工具不延时即可开启旁通孔。延时计量部分可以保证在旁通孔被关闭前，使 RTTS 封隔器坐封或插管插入生产封隔器。

（四）操作与维护保养

1. 安装步骤（以 5″ 液压循环阀为例）

①将油室双公接头置于虎钳上夹紧。

②将花键芯轴上涂抹少量的硅质油并将花键芯轴从上端水平方向插入油室双公接头内（检查芯轴表面无杂质和铁屑）。

③在花键芯轴上涂抹少量的硅质油并将浮动活塞套在其芯轴上，并多装入一个不装 O 形圈的浮动活塞，便于注油（检查浮动活塞 O 形圈无损伤）。

④将花键芯轴壳体从芯轴上找水平后套入并与油室双公接头一端连接上紧。

⑤将刮泥环装在花键芯轴壳体上端。

⑥将计量套内外均匀涂抹少量硅质油并将计量套套在花键芯轴下端上（检查安装到位）

注意 UP 符号朝上。

⑦将油室芯轴母扣端与花键芯轴公扣连接，在上部六方处上紧。

⑧将油室壳体找水平后与油室双公接头另一端连接上紧。

⑨将锁紧活塞连同弹簧扭矩块一起连接在下芯轴下端（可用铜棒均匀地向上敲击）。

⑩将扭矩块和活塞内外均匀涂抹少量硅质油并从油室芯轴下端装入。

⑪背钳置于油室壳体六方处，将连接短接与油室芯轴下端连接上紧。

⑫背钳置于连接短接六方处，将循环芯轴与连接短接连接上紧（检查芯轴表面无杂质和铁屑）。

⑬背钳置于计量套壳体六方处夹紧，将循环壳体水平方向与计量套壳体公扣连接上紧。

⑭背钳置于循环壳体六方处夹紧，在下接头的密封件处涂少量的硅质油，水平方向缓慢地从循环芯轴下端装入上紧（可用铜棒均匀地向上敲击）。

⑮将上下注油孔保持在同一水平线上使注油孔朝上、工具公扣端朝下使之倾斜。

⑯在花键芯轴壳体注油孔装上注油装置，缓慢地从下部注油孔对油室进行注油，待上部注油孔溢出无气泡止（上部注油孔采用软管线接入油盆）。

⑰将上下注油孔装上油塞。

⑱卸掉花键芯轴壳体上的刮泥环，取出多余的一只浮动活塞。重新装入刮泥环并将上接头上紧。

2. 拆卸步骤

①用虎钳将液压循环阀在计量壳体接头六方处夹住，使工具处于倾斜状态，（母扣端朝上、公扣端朝下）并使油室孔朝下；用内六角扳手卸掉注油塞，待硅质油流出排尽后，将工具水平置于虎钳上夹紧。

②将背钳置于循环阀壳体六方处，将工具找水平后卸掉下接头（可用铜棒均匀地向下敲击）。

③将背钳置于计量壳体六方处，从循环壳体六方处卸掉循环壳体（可用铜棒均匀地向下敲击）。

④将背钳置于循环下芯轴与油室芯轴间的连接短接六方处，从循环芯轴六方处卸掉循环芯轴（检查芯轴、循环孔有无腐蚀、划伤、变形）。

⑤从循环下芯轴与油室芯轴间的连接短接六方处卸掉连接短接。

⑥在弹簧扭矩块六方处卸掉弹簧扭矩块并连同扭矩活塞一起拔出（可用铜棒均匀地向下敲击）。

⑦将背钳置于油室双公接头处，从计量壳体上方六方处卸掉计量壳体（可用铜棒均匀地向下敲击）。

⑧从油室芯轴六方处卸掉油室芯轴（可用铜棒均匀地向下敲击）。

⑨拔出或用铜棒均匀地敲击取出计量套，并用硅质油浸泡（或放置于干净的地方）。

⑩将背钳置于花键芯轴壳体六方处卸掉上接头。

⑪卸掉刮泥环并拔出（检查刮泥环无腐蚀、冲刷现象）。

⑫从花键芯轴壳体六方处水平卸掉其壳体（可用铜棒均匀地向下敲击）。

⑬用铜棒将花键芯轴从花键套筒的下端向上端均匀敲出（检查其花键芯轴镀铬、划伤情况）。

⑭拔出浮动活塞。

⑮清洗所有工具部件，并用毛巾擦干、空气泵吹干，检查损伤情况。

（五）使用技术要求

①油腔内可能会有余压，在旋出油塞的时候感觉到余压的存在，油塞退出不能超过1~2圈，否则可能会在丝扣完全退出前损坏O形密封圈。

②检查循环芯轴的下端外圆有无损伤或变形。

③检查下芯轴的外圆有无损伤或变形。

④加压几分钟后旁通阀才能关闭，上提时无延迟，旁通阀可在第一时间开启。

（六）安全注意事项

若不取掉多余的一只浮动活塞，在进行功能调试时将损坏花键芯轴和壳体。

八　RTTS 封隔器

RTTS 封隔器参数见表 2-2-7。

表 2-2-7　RTTS 封隔器参数

名称	外径 / mm	内径 / mm	长度 /m	工作压力 /psi	抗拉 /Lbs	工作温度 / ℉	适用套管 / mm	扣型
RTTS 封隔器	112	38	1.4	10000	153882	400（使用 600 系列的 O 形圈和支撑密封）	139.7	上部 UN、下部 EUE
	146	57	1.5	10000	204148	400（使用 600 系列的 O 形圈和支撑密封）	177.8	
	161	57	1.8	10000	204148	400（使用 600 系列的 O 形圈和支撑密封）	193.7	

（一）用途

RTTS 封隔器是一种全通径套管封隔器，用于封隔被测试的层段的主要工具。它本身带有水力锚，可用于测试、挤水泥和酸化压裂作业。也可以卸掉水力锚换上测试接头，用于一般的测试作业。

（二）结构组成

RTTS 封隔器由 J 形槽换位机构、机械卡瓦、胶筒和水力锚组成，如图 2-2-8 所示。

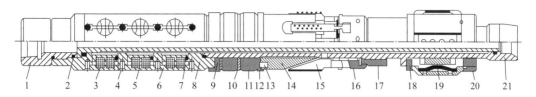

图 2-2-8　RTTS 封隔器结构示意图

1—上接头；2—密封圈；3—弹簧；4、13—沉头螺钉；5—液压锚定卡瓦；6—压板；7—中心管；
8—液压锚定控制体；9—上胶筒座；10—隔环；11—胶筒；12—下胶筒座；14—机械卡瓦座；
15—机械卡瓦；16—接箍；17—摩擦扶正块套；18—摩擦扶正块；19—摩擦块弹簧片；
20—限位环；21—下接头

（三）工具原理

封隔器下井时，机械卡瓦部分的摩擦块始终与套管内壁接触，换位机构里的凸耳位于 J 形槽短槽的下端，胶筒处于自由状态。当封隔器下到预定井深时，先上提管柱使凸耳滑到 J 形槽短槽的上端，接着右旋管柱，使凸耳滑到 J 形槽长槽位置，下放管柱时，凸耳就在 J 形槽的长槽里滑动，而卡瓦部分由于摩擦块与套管壁之间的摩擦力，不再随之运动，卡瓦锥体随管柱下行将卡瓦张开，使卡瓦上的合金卡瓦牙嵌入套管壁，支撑整个管柱的悬重，继续下放管柱使胶筒受挤压膨胀，紧贴套管壁形成密封。

当封隔器下部压力大于胶筒以上的静液柱压力时，下部压力将通过容积管传到水力锚，使水力锚爪伸出，将封隔器上部锚定在套管壁上，防止封隔器上窜。要解封封隔器时，先上提管柱拉开循环阀，使胶筒上下压力平衡，水力锚在弹簧力的作用下将自动收回，再继续上提，卸去胶筒上的负荷，胶筒恢复自由状态，同时卡瓦锥体上行，卡瓦随之收回，凸耳也从长槽沿斜面回到短槽内，此时便可将封隔器起出井筒。

（四）操作与维护保养

1. 安装步骤（以 5½″ RTTS 封隔器为例）

①将 RTTS 封隔器的摩擦块总成在虎钳上夹住。

②将芯轴从摩擦块总成下方向装入（注意芯轴凸耳需在长槽位）。

③将卡瓦滑套从芯轴上端装入（燕尾槽方向向下）。

④沿燕尾槽方向依次装入机械卡瓦。

⑤将开口接箍套在机械卡瓦与摩擦块总成上端，并用止动卡瓦螺栓固定。

⑥装入胶皮筒和上顶鞋（胶皮筒之间装上隔离环）。

⑦将水力锚的锚爪装上 O 形密封圈（注意检查密封圈无损伤），再逐个安装卡瓦弹簧、卡瓦卡板、卡瓦螺钉。

⑧将容积管从水力锚顶端插入，并将水力锚与封隔器芯轴连接上紧。

⑨将摩擦块换位总成置于虎钳上，把对称的两块摩擦块固牢，缓慢施加压力将摩擦块向内压入并用螺栓固定上紧。

2. 拆卸步骤

①将封隔器下芯轴部位丝扣上部处用虎钳固定夹紧，切勿夹持楔形槽。

②卸掉水力锚卡板螺丝，取出卡板及卡板弹簧，取出水力锚锚爪；将封隔器上鞋与水力锚松开，卸掉水力锚，取出容积管。

③卸掉封隔器上鞋，取出胶皮筒及隔离环。

④卸掉卡瓦座螺钉，取出下卡瓦座及卡瓦。

⑤取出上卡瓦座及摩擦块换位总成。

⑥将摩擦块换位总成置于虎钳上，把对称两块摩擦块固牢，缓慢施加压力将摩擦块向内压入，卸掉两边摩擦块固定卡板螺钉，取出摩擦块固定卡板。

⑦清洗检查所有部件的损伤情况。

（五）使用技术要求

①检查坐封芯轴上端螺纹及密封面有无损伤或变形。

②检查水力锚本体及密封面是否完好。

③检查水力锚卡瓦和机械卡瓦钨钢块是否完好。

④检查摩擦块弹簧片有无变形或损伤。

（六）安全注意事项

①水力锚母扣为特殊梯形扣，安装时清洁丝扣，避免发生扣粘连。

②拆卸摩擦块时要固牢，防止弹簧片飞出人员受伤。

③封隔器坐封吨位控制在 160~220kN。

④RTTS 封隔器带容积管时其试压值不超过 35MPa。

九 CHAMP 封隔器

CHAMP 封隔器参数见表 2-2-8。

表 2-2-8　CHAMP 封隔器参数表

名称	外径 / mm	内径 / mm	长度 / m	工作压力 / psi	抗拉 / Lbs	工作温度 / °F	适用套管 / mm	扣型
CHAMP 封隔器	146	57	3.1	15000	163330	400（使用 600 系列的 O 形圈和支撑密封）	177.8	上部 CAS、下部 EUE

（一）用途

CHAMP 封隔器是一种全通径高温高压套管封隔器，可用于超高压井施工，其压差大于普通 RTTS 封隔器。

（二）结构组成

由旁通机构、J形槽换位机构、机械卡瓦、胶筒和水力锚组成，如图2-2-9所示。

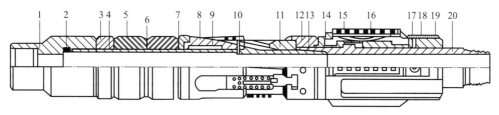

图2-2-9　CHAMP封隔器结构示意图

1—连接头；2、4、14—O形圈；3—上环；5—胶筒；6—隔环；7—下环；8—卡瓦锥体；9—上芯轴；
10—卡瓦销；11—卡瓦；12—螺钉；13—卡瓦环；15—摩擦块；16—板簧；17—螺栓；18—护圈；
19—板簧护套；20—下芯轴

（三）工具原理

与RTTS封隔器类似，旁通机构在下压坐封时关闭，上提解封时打开。

（四）操作与维护保养

1. 安装步骤（以7″CHAMP封隔器为例）

①将7″CHAMP封隔器的下芯轴夹在虎钳上。

②装入摩擦块总成。

③将卡瓦滑套从芯轴上端装入（燕尾槽方向向下）。

④顺燕尾槽方向依次装入机械卡瓦。

⑤将开口接箍套在机械卡瓦与摩擦块总成上端，并将止动卡瓦螺栓上紧。

⑥将水力锚本体在虎钳上夹住，插入上芯轴，连接上接头，连接密封套、密封活塞和上芯轴丝扣；再将外筒与水力锚本体丝扣连接，密封接头与外筒连接。

⑦胶筒芯轴套入坐封外筒内，再与密封接头连接。

⑧装入胶皮筒和上顶鞋（胶皮筒之间装上隔离环）。

⑨将下芯轴与上芯轴连接上紧。

⑩将水力锚的锚爪装上O形密封圈（注意检查密封圈无损伤），再逐个安装卡瓦弹簧、卡瓦卡板、卡瓦螺钉。

⑪将摩擦块换位总成置于虎钳上，把对称的两块摩擦块固牢，缓慢施加压力将摩擦块向内压入并用螺栓固定上紧。

2. 拆卸步骤

①将封隔器下芯轴部位丝扣上部处用虎钳固定夹紧，切勿夹持楔形槽。

②卸掉水力锚取出水力锚锚爪，卸掉上芯轴、外筒、密封套。

③卸掉密封接头、坐封外筒，取出胶筒芯轴。

④卸掉封隔器上鞋，取出胶皮筒及隔离环，卸掉胶筒芯轴。

⑤卸掉卡瓦座螺钉，取出下卡瓦座及卡瓦。

⑥取出上卡瓦座及摩擦块换位总成。

⑦将摩擦块换位总成置于虎钳上，把对称的两块摩擦块固牢，缓慢施加压力将摩擦块向内压入，卸掉两边摩擦块固定卡板螺钉，取出摩擦块固定卡板。

⑧清洗检查所有配件的损伤情况。

（五）使用技术要求

①检查坐封芯轴上端螺纹及密封面有无损伤或变形。

②检查水力锚本体及密封面是否完好。

③检查水力锚卡瓦和机械卡瓦块是否完好。

④检查摩擦块弹簧片有无变形。

⑤检查旁通孔有无损坏。

（六）安全注意事项

①水力锚母扣为特殊梯形扣，安装时清洁丝扣，避免发生扣粘连。

②拆卸摩擦块时要固牢，防止弹簧片飞出人员受伤。

③封隔器坐封吨位控制在 160~220kN，压差控制在 56MPa 以内。

十　全通径压力计托筒

全通径压力计托筒参数见表 2-2-9。

表 2-2-9　全通径压力计托筒参数

名称	外径 /mm	内径 /mm	长度 /m	工作压力 /psi	抗拉 /Lbs	工作温度 / ℉	适用套管 /mm	扣型
全通径压力计托筒	137	57	4.8	15000	317465	400（使用 600 系列的 O 形圈和支撑密封）	177.8 及以上	CAS
	109	38	5.6	15000	222666	400（使用 600 系列的 O 形圈和支撑密封）	139.7	CAS

（一）用途

全通径压力计托筒用于携带和保护电子压力计顺利入井。设计成全通径结构是为了便于其他作业，如过油管射孔等。

（二）结构组成

全通径压力计托筒（图 2-2-10）由上接头、偏心托筒体、下接头、压力计托槽、密封压块组成，特点是外挂测内压、全通径、外偏心。

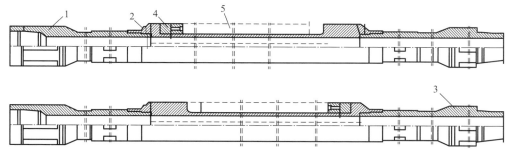

图 2-2-10　全通径压力计托筒结构
1—上接头；2—偏心托筒体；3—下接头；4—密封压块；5—压力计托槽

（三）工具原理

全通径压力计托筒的外壁开有放置电子压力计的托槽，通过上下挡块将电子压力计固定在托槽内。

（四）操作与维护保养

①将压力计托筒进行清洗检查，更换所有 O 形圈和损坏的支撑密封及减震元件。
②对高温井的测试和有酸及 H_2S 存在的测试作业，应使用高温密封件。

（五）使用技术要求

电子压力计在托筒内放置的方式有两种：一种是通过螺纹将电子压力计与托筒体连接起来；另一种是将电子压力计放置在托筒安装槽内，两端由减震装置固定。电子压力计的减震元件可以是弹簧减震，也可以用橡胶或塑料作为减震元件。

（六）安全注意事项

①检查密封面和接头丝扣有无损坏，及时更换损坏的零部件。
②电子压力计属于精密测量工具，在运输过程中应单独存放避免与其他工具发生挤压。

十一　RD 循环阀

（一）用途

RD 循环阀是靠环空压力操作的全通径循环阀，主要用于测试后期在 RDS 循环阀操作后，满足压井与产层沟通。

（二）结构组成

RD 循环阀的结构及参数分别见图 2-2-11 和表 2-2-10。

1. 循环部分

具有循环孔，入井或测试期间被剪切芯轴密封。剪切芯轴由剪销固定。

2. 动力部分

提供操作剪切芯轴和下部球阀所需的动力。剪切芯轴与压差外筒间形成气室（即大气压力），剪切芯轴台阶上部空间与环空之间由破裂盘隔开。剪切芯轴由剪销固定。

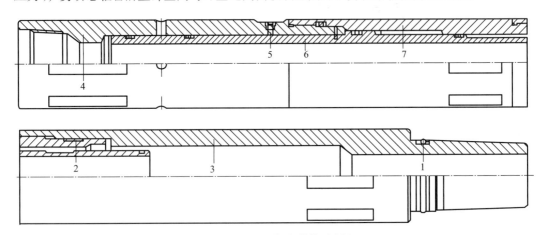

图 2-2-11　RD 循环阀结构示意图

1、2—支撑密封；3—下接头；4—上接头；5—破裂盘；6—剪切芯轴；7—芯轴外筒

表 2-2-10　RD 循环阀参数

名称	外径 / mm	内径 / mm	长度 / m	工作压力 / psi	抗拉 / Lbs	工作温度 / ℉	适用套管 /mm	扣型
RD 循环阀	127	57	1.2	15000	313833	400（使用 600 系列的 O 形圈和支撑密封）	177.8 及以上	CAS
	99	45	1.2	15000	187366	400（使用 600 系列的 O 形圈和支撑密封）	139.7	CAS

（三）工具原理

环空加压使破裂盘破裂后，环空压力作用到剪切芯轴台阶上，剪切剪销使剪切芯轴瞬间向下移动，循环孔开启。

（四）操作与维护保养

1. 安装步骤（以 5″RD 循环阀为例）

①将上接头置于虎钳上夹紧，检查确认循环孔周边无杂质。

②将芯轴从下段水平装入，对准剪销孔与槽，装入剪销和密封件，均匀涂抹专用硅质油，安装 4 颗销钉（位置对称）。

③水平安装芯轴壳体，与上接头丝扣连接上紧。

④安装下接头，上紧丝扣。

⑤用破裂盘扳手在上接头上安装相应破裂盘。

2. 拆卸步骤

①将虎钳置于 RD 循环阀上接头的六方处。

②卸掉下接头。

③卸掉芯轴壳体。

④取出剪切芯轴（可用铜棒均匀地敲击，检查剪切芯轴的空气腔无液体）。

⑤用专用工具取掉所有 O 形圈、支撑密封。

⑥清洗所有工具部件，并用毛巾擦干、空气泵吹干，检查损伤情况。

（五）使用技术要求

① RD 循环阀的操作压力要比 RDS 循环阀的最大操作压力高 7~10MPa。

②组装 RD 循环阀时，空气室内不应有过量的黄油，否则循环孔无法完全开启。

（六）安全注意事项

①空气室严禁涂抹黄油。

②检查外筒内孔上第二道密封面根部的两处倒角无毛刺。

③检查上接头循环孔内壁周围无毛刺。

④检查空气室壳体无变形。

第三节　MFE 测试工具

一　MFE 测试工具

Johnston 公司的 MFE（Multi Flow Evaluator）测试器是一种常规地层测试器，也叫多流测试器。虽然是 20 世纪 60 年代的产品，但是几经改进和完善，目前仍然是普遍使用的一种测试器。在我国，各主要油田基本上都在使用它，因此，此处着重介绍这种测试器的结构原理。

（一）MFE 测试工具结构

MFE 测试工具是一套完整的地层测试工具系统，由多流测试器、旁通阀和安全密封封隔器等组成。

（二）工作原理

MFE 测试工具包括一套完整的井下测试工具，能够实现封隔地层及多次井下关井，为评价地层提供较多的资料。

整套测试工具均借助于钻杆（油管）的上、下运动来操作和控制井下的各种阀，具有操作方便、动作灵活可靠、地面显示清晰的特点。测试时在地面可以比较容易地观察和判断井下工具所处的位置，并能获得任意次开井流动和关井测压期。测试分为4个步骤：

①下井：下井时多流测试器的测试阀关闭，旁通阀打开，封隔器的胶筒处于收缩状态。

②流动：测试工具下至井底后，旋转、下放管柱加压缩负荷，封隔器胶筒受压膨胀，紧贴井壁起密封作用，旁通阀关闭，多流测试器的液压延时机构是受压缩负荷才延时的，因此它延时一段时间之后才打开，并在打开的一瞬间出现管柱自由下落25.4mm的现象，地层流体经筛管和测试阀流入钻杆（油管）内，进入流动期。

③关井：要关井测压力恢复时，上提管柱至指重表读数在某一瞬间不增加，即将重量提至多流测试器处，出现"自由点"，并增加超过"自由点"8900~13350N的拉力，再下放管柱压至原坐封封隔器的压缩负荷，此时多流测试器的换位机构已换到关井的位置上，测试阀也处于关闭状态，并把流动结束时的地层流体收集在多流测试器的取样器内。旁通阀是上提受拉延时才打开的，因此，在操作得当时旁通阀不会被打开。封隔器在液压锁紧接头的锁紧力或钻杆（油管）重量的帮助下（上提管柱时）仍然保持坐封状态。由于测试阀的关闭，地层流体停止流动，地层压力逐渐上升，该压力恢复值由压力计记录下来，供计算分析使用。流动和关井的次数可根据测试情况而定，其作用和操作方法只是上述两个过程的重复而已。

④起出：测试结束后，上提管柱并施加拉力，将旁通阀打开，平衡封隔器上下方的压力，封隔器因无压力差的作用而恢复为下井时的状态，封隔器的胶筒收缩。此时，多流测试器的测试阀仍然关闭，取样器内仍然装着流动结束时收集的地层流体样品，这样就可以把测试管柱全部起出井眼。

二　MFE 测试器

MFE测试器根据外径不同分为ϕ127mm、ϕ108mm、ϕ95mm 和 ϕ79mm 等几种型号，通常使用的是ϕ127mm 和 ϕ95mm 这两种，其基本结构和原理大致相同。这种测试器是由换位机构、延时机构和取样机构组成的。

（一）换位机构

换位机构由花键芯轴、花键套和J形销组成，花键芯轴上沿180°的圆周面铣有换位槽，J形销固定在花键套上，但J形销的平头销又插入换位槽里。花键芯轴与上接头连接，上接头与钻杆（油管）连接后下井，当上提下放管柱时，花键芯轴随着上下运动，但不能转动。由于J形销插入花键芯轴的换位槽内，所以，当花键芯轴做上下运动时，J形销沿换位槽转动，因此，花键套也随之转动，但不能做上下（轴向）运动。当花键芯轴随管柱做上下运动时，换位销（J形销）就从一个位置换到另一个位置，测试阀也就随之从开到关、从关到开地变换位置，从而达到多次开关井的目的。

现在详细论述换位J形槽和J形销的位置及测试阀在各阶段的关系。下井时，J形销在"A"的位置上，测试阀处于关闭状态；测试管柱下到井底，下放管柱加压，封隔器坐封，多流测试器的花键芯轴下行，即换位J形槽下行；J形销在"B"的位置，此时管柱自由下坠25.4mm，地面得到清晰的显示，表明测试阀已打开；慢慢上提测试管柱，换位J形槽上行，J形销在"C"的位置，测试阀关闭；下放测试管柱，换位J形槽下行，J形销在"D"的位置，测试阀关闭；慢慢上提管柱，换位J形槽上行，J形销在"A"的位置，测试阀关闭；下放管柱，换位J形槽下行，J形销在"B"的位置，测试阀再次打开。如此周而复始地上提下放管柱，便可以进行多次井底开井和关井，如图2-3-1和图2-3-2所示。

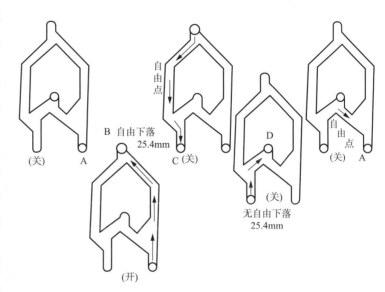

图2-3-1　换位J形槽动作位置图

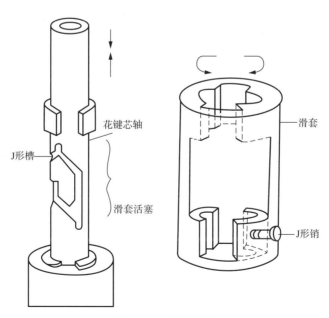

图2-3-2　换位机构图

（二）延时机构

MFE 测试器配备的液压延时机构与普通液压工具延时机构的结构相同，这种液压机构通过运用液体缝隙流动的理论来达到延时目的。其特点是，当下放管柱加压时，液压延时机构起作用，而当上提管柱拉伸时，不起延时作用。另外，阀外筒的内径不相等，上部小，下部大，当液压阀在阀外筒的上部向下运动时，上部配合间隙小，有延时作用，到下部较大内径处配合间隙变大，液压油可立即泄流，不起延时作用，管柱可突然下坠，作为测试阀开启的显示，液压延时机构由阀、阀座和阀外筒组成。阀座的上部与上芯轴相连接，下部与下芯轴连接。阀外筒上端有补偿活塞，下端有 O 形挡圈将液压油密封在这个容积内，液压油是通过两个注油塞补充进去的。为了保证在井下高温环境下液压油的黏度不发生太大的变化，使用合成的耐高温硅油可以收到良好的延时效果。液压延时机构的延时性能检验标准是：127mmMFE 加压缩负荷 178000N，95mmMFE 加压缩负荷 133500N，工具产生 25.4mm 的"自由下落"开井显示，延时 2~5min 为合格，如图 2-3-3 所示。

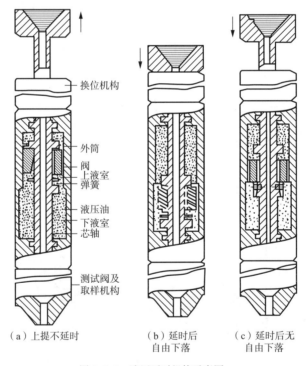

（a）上提不延时　　　　（b）延时后　　　　（c）延时后无
　　　　　　　　　　　　自由下落　　　　　　自由下落

图 2-3-3　液压延时机构示意图

（三）取样机构

取样机构既是取样器，又是双控制测试阀，由取样器外筒、取样芯轴、上密封套、下密封套及两组 O 形和 V 形密封圈组成的双控制阀所构成，是全流通式的。所有地层流体在进入钻杆（油管）之前都要流经双控制阀。在流动结束时，双控制阀关闭，把流动状态下的地层样品收集在取样腔内。取样腔配有两个放样阀，便于在地面把样品取出来。MFE 测

试油（气）作业

试器的技术规范见表 2-3-1。

表 2-3-1　MFE 参数表

工具规格	MFE	MFE
外径 /mm	127	95
抗拉强度 /N	1870000	976720
工作压力 /MPa	70	70
最小内径 /mm	23.8	19.0
最大组装扭矩 / (N·m)	13358	2711
取样器容积 /cm³	2500	1200
芯轴行程 /mm	254	254
自由下落 /mm	25.4	25.4
上接头内螺纹 /mm	88.9FH	73REG
下接头外螺纹 /mm	111-4 牙 /in- 修正	73REG

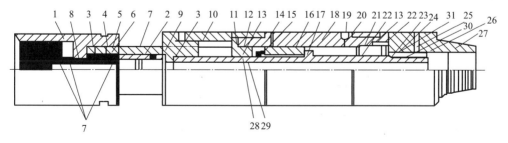

三　裸眼旁通阀

　　裸眼旁通阀是装在多流测试器下方的一个工具，其主要作用是：当测试管柱在井眼中起下遇到缩径井段时，钻井液可从封隔器芯轴内孔径旁通阀的孔流过，使测试管柱顺利起下；在测试结束时，旁通阀打开，使封隔器上下方压力平衡，便于封隔器解封。

　　旁通阀也是靠上提下放管柱来控制的。它的延时阀正好与多流测试器的延时方向相反，即上提拉伸延时，而下放加压不延时。一般在操作时施加 89000N 的拉力延时 1~4min 就可打开旁通阀。在地面作延时性能检验时，拉 133500N 的负荷延时 1~4min 为合格。

　　配备副旁通阀的目的是：当测试管柱下钻遇阻时，由于旁通阀的延时机构在受压缩负荷时不延时，所以主旁通阀会立即关闭，但副旁通阀还是打开的，仍能使钻井液通过副旁通阀流动。副旁通阀只在多流测试器打开前的一瞬间关闭，以后就再也不能打开了。图 2-3-4 是裸眼旁通阀结构示意图，表 2-3-2 是裸眼旁通阀参数。

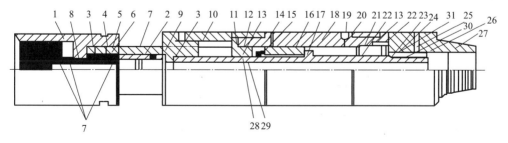

图 2-3-4　裸眼旁通阀结构示意图

1—上接头；2—平衡密封套；3、5、7、12、13、19、24—O形密封圈；4—锁环；6—螺旋销；8—平衡阀套；
9—花键芯轴；10—花键短节；11—上密封活塞；14—阀挡圈；15—螺旋锁环；16—阀；17—阀芯轴；
18—阀外筒；20—注油塞；21—补偿活塞；22—挡圈盖；23—密封芯轴套；25—V形密封圈；26—密封压帽；
27—密封短节；28—非挤压环；29—密封保护挡圈；30、31—密封

表 2-3-2　裸眼旁通阀参数

工具规格	裸眼旁通	裸眼旁通
外径 /mm	127	95
内径 /mm	30	19.05
最大组装扭矩 /（N·m）	13560	2710
上接头内螺纹 /mm	4⅜ 特殊 × 3½IF	73REG
下接头外螺纹 /mm	88.9FH	73REG

四　裸眼封隔器

　　裸眼封隔器的结构如图 2-3-5 所示，它由滑动头、坐封芯轴、胶筒、金属杯及支承座等组成。当向封隔器施加压缩负荷时，滑动接箍向下运动，使胶筒受压而膨胀，同时将碗状金属杯压平，压平后的外径比原来的大 19mm，这就缩小了与井眼之间的间隙，当胶筒膨胀与井壁贴紧时，压平的金属杯就相当于一个承压平台，这就增加了胶筒的承压能力。当去掉压缩负荷时，胶筒靠自身的弹力恢复原状。对于深井测试，一般用两个封隔器组成一组。如果是裸眼跨隔测试，则要用上、下两组封隔器，每组可用一只或两只封隔器。胶筒的外径要根据井眼内径而定，一般选用比井眼内径小 25.4mm 的胶筒为宜，因为间隙过小时不容易下井，间隙过大时胶筒不容易密封，同时胶筒的承压能力也减弱了。BT 型裸眼封隔器参数见表 2-3-3。

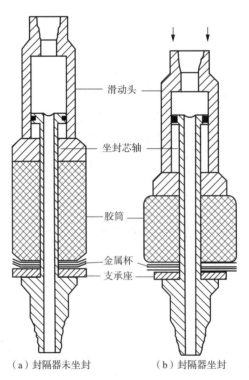

　　　（a）封隔器未坐封　　　　　（b）封隔器坐封

图 2-3-5　裸眼封隔器结构示意图

表 2-3-3　BT 型裸眼封隔器参数表

工具名称	BT 型裸眼封隔器	
外径 mm	168	120
芯轴尺寸（外径 × 内径）/（mm × mm）	72.8 × 40	50.8 × 25.4
上接头内螺纹 /mm	88.9FH	88.9FH
下接头外螺纹 /mm	88.9FH	88.9FH
抗拉强度 /N	140060	—

五　P-T 封隔器

P-T 封隔器用于下套管井的测试，P-T 封隔器及其结构如图 2-3-6 所示。它由旁通、密封元件和卡瓦总成三部分组成。

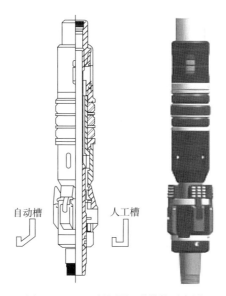

自动槽　人工槽

图 2-3-6　P-T 封隔器及其结构示意图

现在，以定位凸耳插入自动槽为例，来说明 P-T 封隔器的操作过程。封隔器下井时，凸耳是在自动槽的短槽之中，摩擦垫块始终与套管内壁紧贴，胶筒处于自由状态，旁通道是打开的。当封隔器下至预定井深时，先要上提管柱，使凸耳在短槽的下部位置，再右旋管柱 1~3 圈，在保持扭矩的同时，下放管柱加压缩负荷。由于管柱旋转，凸耳到长槽内，加压时坐封芯轴向下移动，端面密封与封唇吻合而关闭旁通道。继续加压，锥体下行把卡瓦胀开，卡瓦上的合金块的棱角嵌入套管壁，尔后胶筒受压而膨胀，直至三个胶筒都紧贴在套管壁上，形成密封，此时封隔器牢固地坐封在套管内壁上。如果要起出封隔器，只需施加拉伸负荷。先将端面密封拉开，旁通道打开，胶筒上、下压力平衡，再继续上提，胶筒卸掉压力而恢复原来的自由状态，此时凸耳从长槽沿斜面自动回到短槽内，锥体上行，卡瓦随之收回，便可将封隔器起出井筒。如果凸耳换到人工槽内，其操作方法是：上提管柱，右旋 1~3 圈，再下放管柱坐封，凸耳已转到长槽内，坐封操作与自动槽相同。在解封封隔器时要上提管柱，左旋 1~3 圈，使凸耳回到短槽内，然后将卡瓦收回起管柱。由于人工不能自动回到短槽内，所以解封时必须要左旋管柱。推荐用自动槽。工作原理如图 2-3-7 所示。

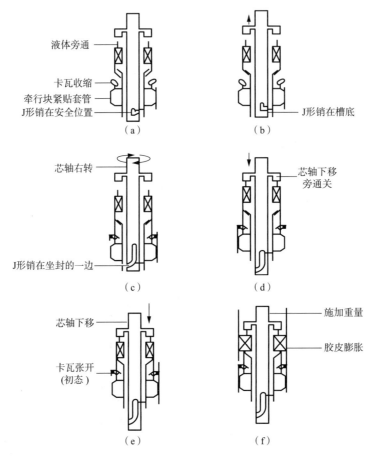

图 2-3-7　P-T 封隔器工作原理

P-T 封隔器参数见表 2-3-4。P-T 封隔器胶筒的选用和其硬度排列是根据坐封段的井下温度和胶筒的有效负荷进行选定的。

表 2-3-4　P-T 封隔器参数

公称尺寸 /mm	114.3~139.7	139.7~177.8	168.2~193.6	219.1~244.5	273~339.7
适用套管尺寸 /mm	114.3~139.7	139.7~177.8	168.2~193.6	219.1~244.5	273~339.7
芯轴工作负荷 /N	365640	342070	495080	1031090	838490
芯轴抗拉负荷 /N	545790	510210	738850	1538630	1251280
芯轴内径 /mm	46	50	62	76	76
全长 /mm	1245	1237.5	1318	1650	1956
上接头内螺纹 /mm	50.8EUE	50.8EUE	63.5EUE	76.2EUE	114.3FH
下接头外螺纹 /mm	50.8EUE	50.8EUE	63.5EUE	76.2EUE	76.2EUE

六　液压锁紧接头

液压锁紧接头是用于套管井测试的锁紧装置。当套管封隔器坐封后进行测试时，要上提下放管柱来操作多流测试器，在上提管柱时，封隔器有解封的可能。这时，液压锁紧接头运用液压面积产生一个向下的锁紧力。同时产生一个向上顶多流测试器的力。这个向下的锁紧力就相当于在封隔器上部加了一部分钻铤来帮助封隔器坐封。

液压锁紧接头的结构如图 2-3-8 所示，它由外筒、芯轴、浮套、密封活塞及下接头组成。其工作原理是：液压锁紧接头直接接在多流测试器的下部。在下井或起出井眼的过程中，由于液柱压力的作用把芯轴向上推，芯轴与多流测试器的取样芯轴紧贴在一起。到达测试井段时，下放管柱加压坐封封隔器和打开测试阀时，多流测试器的取样芯轴将液压锁紧接头的芯轴向下压。

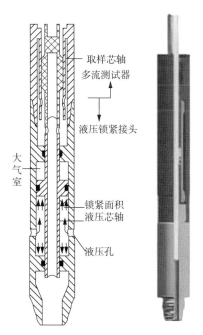

图 2-3-8　液压锁紧接头结构示意图

在上提管柱的过程中，芯轴受向上顶的力的作用向上运动，而外筒和下接头受向下的作用力使封隔器保持坐封。这个力的大小是液压面积与液柱压力之积。这里所说的液压面积是指芯轴与浮套之间的环形面积，它的值刻在芯轴上部的端面上，很容易查对。

外径 95mm 的液压锁紧接头的液压面积有 $1.61cm^2$、$3.23cm^2$ 和 $6.45cm^2$。外径为 127mm 的液压锁紧接头的液压面积有 $3.23cm^2$、$6.45cm^2$、$9.68cm^2$ 和 $12.90cm^2$。用哪种面积合适要根据井的具体情况而定，当井比较深且钻井液柱压力高时，只需要小的面积就可以得到大的锁紧力。如果用大的面积则会使上顶多流测试器的锁紧力过大，要把芯轴向下压就必须加较大的负荷才行。液压锁紧接头的参数见表 2-3-5。

表 2-3-5　液压锁紧接头参数

工具名称	液压锁紧接头	
抗拉强度 /N	1015660	—
最大组装扭矩 / (N·m)	2710	—
外径 /mm	95	127
内径 /mm	19	30.48
上接头内螺纹 /mm	73REG	111-4 牙 /in- 修正
下接头外螺纹 /mm	73REG	88.9FH
工作压力 /MPa	35	35

第四节　井下安全阀

一　用途

井下安全阀是一种提供井下关井功能的安全设备，在井口出现紧急情况时可以实现远程井下关井，为油气井的安全生产提供有力保障。

二　结构特点及工作原理

井下安全阀在结构上分为活塞运动部分、动力弹簧部分、自平衡部分和阀板开关部分，如图 2-4-1 所示。

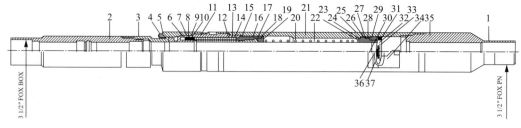

图 2-4-1　SP 型非自平衡式可回收式井下安全阀结构图

1，35—下接头；2—上坐落接头；3—上接头；4—保护堵塞；5—保护螺母；6—密封芯轴螺母；7—背圈；8—密封支撑圈；9—密封圈；10—隔环；11—支撑圈；12—活塞；13—圆筒短节；14—活塞挡圈；15—密封旋塞；16—缓冲弹簧；17—推筒；18，30—内六角紧定螺钉；19—下联轴器；20—动力弹簧；21—弹簧套；22—流管；23—弹簧挡圈；24—O形圈；25—蝶形阀阀座；26—背圈；27—密封圈；28—密封支撑圈；29—定位销；31—阀板销；32—扭力弹簧；33—蝶形阀；34—蝶形阀基架；36—压力平衡塞；37—弹簧挡圈

活塞运动部分主要由活塞和液控管线组成，该部分主要是用来传递地面液压系统的压力，并在液压力的作用下推动中心管；动力弹簧部分主要包括弹簧和中心管，中心管预先压缩弹簧，使弹簧在安装后就有一定的预紧力，当弹簧压缩中心管时，中心管需要继续压缩弹簧，因此动力弹簧部分决定着井下安全阀的开启压力大小，自平衡部分主要由钢球和自平衡本体组成，在阀板上下压力不相等的情况下可轻易实现阀板上下压力平衡的功能，阀板开关部分主要由阀板、橡胶密封件和阀座组成，是井下安全阀的核心，阀板和橡胶密封件与阀座的密封程度决定井下排气阀应对井喷等异常情况的能力大小。

井下安全阀的开启：井下安全阀随油管下入井中设计深度，其侧面连有液控管线，延伸至地面，与地面的压力自动控制系统进行密封连接，组成一套完整的井下安全阀操作系统。当油井进行正常生产时，地面的压力控制系统通过液控管线将压力传给井下安全阀的活塞部分，活塞推动中心管，并继续压缩弹簧，随着液控管线内的压力的升高，中心管先推开自平衡机构中的钢球，使阀板上下压力平衡，并最终推开阀板。地面液控系统保持在设定的压力下，让井下安全阀保持在开启的状态。

井下安全阀的关闭：当井下流体的压力出现异常，则需在地面通过液压系统紧急切断液控管线内压力，在井下安全阀的弹簧的回复力作用下，安全阀将紧急关闭阀板，使生产管柱的生产通道紧急关闭，从而实现安全阀的防井喷功能。

三　规格参数

井下安全阀规格参数见表 2-4-1。

表 2-4-1　井下安全阀规格参数表

规格 /in	内径 /mm	外径 /mm	内压强度 /MPa	外挤强度 /MPa	抗拉强度 /kN	工作压力 /MPa	耐温 /℃	两端螺纹
$3\frac{1}{2}''$ SP	65.07	137.16	164.49	142.46	1192.9	103.43	149	$3\frac{1}{2}''$ 9.52mm BEAR B × P
$3\frac{1}{2}''$ NE	71.45	142.75	120.59	109.49		68.95	149	$3\frac{1}{2}''$ FOX B × P 9.20#
$3\frac{1}{2}''$ NE	69.85	142.75	126.43	109.49		68.95	149	$3\frac{1}{2}''$ VAMTOP B × P 10.20#

第五节　辅助设备

一　安全阀

安全阀是安装在管道和容器上，用以保护管道和容器安全的闸阀，其结构如图 2-5-1 所示。在采气现场常见的安全阀有弹簧式安全阀、先导式安全阀等。

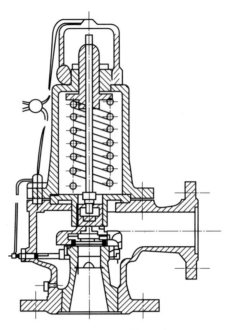

图 2-5-1　安全阀结构示意图

（一）作用、结构原理

1. 弹簧式安全阀

由弹簧力加载到阀瓣上，载荷随开启高度变化。其优点是轻便、灵敏度高、安装位置不受严格限制，在采气现场普遍采用。

工作原理：安全阀是借助外力（杠杆重锤力、弹簧压缩力、介质压力）将阀盘压紧在阀座上，当管道或容器中的压力超过外加到阀盘的作用力时，阀盘被顶开泄压；当管道或容器中的压力恢复到小于外加到阀盘的压力时，外加压力又将阀盘压紧在阀座上，安全阀自动关闭。安全阀开启压力的大小，是由设定的外加压力来控制的，外加压力是由套筒螺丝调节弹簧的压缩程度来控制的，安全阀的开启压力应设定为管道或容器工作压力的1.05~1.1倍。

弹簧式安全阀按开启高度又分为：

①微启式。开启高度为阀座喉径的1/40~1/20，通常做成渐开式（开启高度随压力变化而逐渐变化）。微启式安全阀主要用于排泄量小的液体介质场合。

②全启式。开启高度等于或大于阀座喉径的1/4，通常做成急开式（阀瓣在开启的某一瞬间突然起跳，达到全开高度）。主要用于气体、蒸汽介质和泄放量大的场合。

弹簧式安全阀按阀体构造可分为：

①全封闭式。排放时介质不会向外泄漏而全部通过排泄管排放。

②封闭式。排放时介质一部分通过排泄管排放，另一部分从阀高盖与阀杆的配合处向外泄漏。

③敞开式。排放时介质不通过排泄管，直接由阀瓣处排放。

2. 先导式安全阀

由主阀和导阀组成（图 2-5-2）。介质压力和弹簧压力同时加载于主阀瓣上，超压时导阀阀瓣首先开启，导致加到主阀阀瓣上的介质压力被泄掉，主阀开启。当压力降低到安全压力时，导阀阀瓣在弹簧力的作用下导阀关闭，主阀充气，在介质压力和弹簧压力的作用下推动活塞下行，使主阀关闭。先导式安全阀是近几年引进的一种新型阀门，主要用于大口径和高压场合。

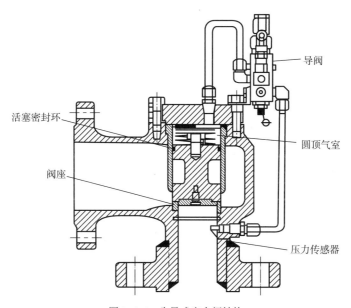

图 2-5-2　先导式安全阀结构

（二）规格型号

常见安全阀的主要参数见表 2-5-1。

表 2-5-1　常见安全阀的主要参数

型号 规格	A42Y-100	A48Y-16	KAF46Y-100
启动形式	弹簧全启式安全阀	弹簧全启式安全阀	先导式安全阀
公称压力 /MPa	10	1.6	10
连接形式	法兰连接	法兰连接	法兰连接

（三）安装与维护保养

1. 安装操作（以 A42Y-100 型安全阀为例）

（1）清洗、检查

①用清洗剂与棉纱清洗安全阀、阀座、垫环、钢圈槽等并检查，确保无损伤。

②检查安全阀年度检测是否在有效期内。

（2）安装

①将预装安全阀钢圈槽均匀涂抹黄油，平稳放置垫环。

②将安全阀抬起使其进口端法兰与固定端法兰在同一水平面上，对接法兰使钢圈进槽，对齐螺孔，穿入螺杆、戴齐螺帽。

③对角上紧螺栓，检查法兰面间隙、螺杆两端出帽情况。

（3）试压

检验安全阀在额定工作压力下的开启与回座情况。

（4）回收

回收保养工具、物资，并摆放到位。

2. 拆卸操作

①检查：

a. 检查容器内压力归零、无油污、泥浆残留物；

b. 含硫气井使用的安全阀拆卸前必须检查确保容器内无硫化氢气体残留。

②拆卸连接螺栓：用扳手依次将螺栓拆卸。

③卸安全阀：安全阀系好保险绳，通过两人合力将安全阀垂直向上抬起使安全阀法兰与压力容器法兰脱离。

④摆放到位：备用材料区域垫木板，将卸下的安全阀整齐地摆放在备用材料区域木板上，安全阀钢圈槽侧面摆放。

⑤清理检查安全阀钢圈槽、螺栓、密封面无损伤并均匀涂抹黄油，包扎防潮布，盖上防雨布。

⑥回收、保养工具、物资后摆放到位。

3. 维护保养要求

①安全阀在安装使用前，厂家已调整至额定的压力，检查钢圈槽螺栓是否完好，检查安全阀铅封是否完好。

②对使用中的安全阀应作定期检查。应特别注意阀座和阀瓣密封面以及弹簧的情况，并注意观察调整螺杆及调节螺钉的锁紧螺母是否松动，若发现问题应及时更换。

③对每一个安全阀应建立使用卡片，使用卡片中应保存供货厂商的安全阀合格证的副本，以及阀的维修、检查和调整记录的副本。

④应根据有关安全规程，对安全阀进行定期送检。

⑤安装在室外的安全阀要求采取适当的防护措施，以防止雨、雪、尘埃等脏物浸入安全阀及排放管道。当环境温度低于零摄氏度时还应采取必要的防冻措施以保证安全阀动作的可靠性。

（四）安全注意事项

①安装时切勿碰撞敲击，确保安全阀铅封完好。

②更换时提前检查确保容器内无余压、无有毒有害气体。

③安全泄压管线内径应不小于安全阀的进口通径。

④安全阀泄压管线应接至放喷口安装固定，应有明显标识颜色。

⑤安全阀必须由当地质监部门检验合格后方能投入使用。

二　控制装置

（一）作用、结构原理

控制系统是用于远程控制井口防喷器、地面安全阀、液动平板阀等进行关井或紧急关井的主要设备。目前试油气常用的控制系统有平板阀液控柜、井口 ESD 控制面板等。其工作原理基本相同，均是以电源／气源／手动为制备能量方式，通过储能器储备能量，利用三位四通阀位置变化改变油流方向推动阀的油腔进行动作实现液力启闭，平板阀控制柜结构如图 2-5-3 所示。

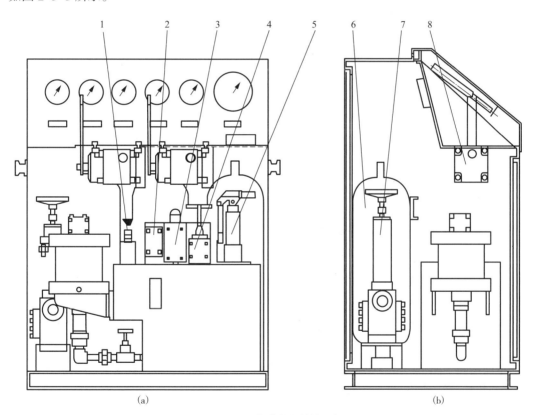

(a) (b)

图 2-5-3　平板阀控制柜结构示意图

1—截止阀；2—单向阀；3—溢流阀；4—卸荷阀；5—手动泵；6—储能器；7—减压溢流阀；8—三位四通换向阀

（二）规格型号

常见控制系统的主要参数见表 2-5-2。

表 2-5-2　常见控制系统的主要参数

规格 \ 型号	PYK21-1	PYK21-2	PYK21-4	PYK10-2
系统压力 /MPa	21	21	21	10
工作压力 /MPa	10.5	10.5	10.5	10
控制对象数 / 个	1	2	4	2
制备能量方式	气动 / 手动	电动 / 手动	电动 / 手动	电动 / 手动
储能器个数 / 个	2	4	4	4
用途	井口安全阀	管汇液动平板阀	管汇液动平板阀	管汇液动平板阀

（三）安装与维护保养

1. 安装要求（以 PYK21-2 型平板阀液控柜为例）

①平板阀液控柜应摆放在距离井口不少于 25m 处，便于井口（钻台）操作者观察、操作的位置。并在周围保持 2m 以上的行人通道，10m 内不堆放易燃、易爆物品。

②检查液控柜油箱内抗磨液压油保持在油箱的 2/3 处。

③液控平板阀上安装好变扣（双公）和快速接头（根据液控柜和液压管线的快速接头规格选择统一型号）。

④连接液压管线：先接液控柜出口阀 1 开到液控平板阀 1 下部进口，再接液控柜出口阀 1 关到液压平板阀 1 上部进口，同时按顺序接好管线，在管线盒内按顺序摆放整齐（液控平板阀和液控柜操作阀要对应编号，按对应编号及顺序连接液压管线）。

⑤检查液控柜各控制阀。

⑥开启液控柜的泄压阀。

⑦全开蓄能器的截止阀。

⑧将各液控阀开关手柄处于中位。

⑨接上电源，启动电源开关调试液控柜电机的运转方向（按箭头方向或朝内转动），如果电机反转将电缆线中的两根火线互换；液控柜电源要安装单独控制开关。电源线必须架空，高度不低于 2.5m。

⑩调试：关闭液控柜泄压阀，开启储能器截止阀，确定三位四通阀的手柄都处于中位后，将电源开关扭至"自动"位置，液控柜开始打压到额定值 21MPa 自动停机。操作阀 1（三位四通阀）的手柄到开位时，相应的液动平板阀 1 开启。当操作阀 1（三位四通阀）的手柄到关位时，相应的液动平板阀 1 关闭。打开泄压阀使系统压力下降至 14MPa 时将自动补压到额定值 21MPa 停机。操作的同时要密切注意相应的阀开关表压和系统压力，检查各接头处有无漏油，避免因压力低造成闸阀未全开或全关。依次调试其他液动平板阀开关至正常。

2. 操作使用

①通电：打开独立电源开关，确认液控柜电源显示灯亮起。

②启动：

a. 将液控柜的泄压阀关闭；b. 确认蓄能器的截止阀全开；c. 确认液控柜上的所有液控阀开关手柄处于中位；d. 启动电动机，确认系统正常打压。

③打压：观察系统压力表，确认压力上涨至 21MPa 后进行下一步操作。

④开液控平板阀：

a. 操作液控阀开关手柄至开位；b. 确认液控平板阀顶部的阀杆上升到位（3~5s），同时确认阀（开）表压升至 10.5MPa。测试期间液控平板阀始终处于开启状态。

⑤关液控平板阀：

a. 操作液控阀开关手柄至关位；b. 确认平板阀顶部的阀杆下降到位（3~5s），同时确认阀（关）表压升至 10.5MPa。

⑥施工监控：整个施工过程监控系统压力和液控阀开（关）工作压力。

⑦施工结束：

a. 关闭液控柜的电源；b. 关闭总电源控制柜上的独立开关；c. 打开液控柜的泄压阀，系统压力降至零；d. 回收保养工具并摆放到位，清洁现场。

3. 拆卸操作

①检查：各液控闸阀均应在拆卸前处于开启状态，将三位四通阀扳至开位。

②泄压：全开储能器截止阀、缓慢开启液控柜泄压阀泄压。

③泄余压：将系统压力及工作压力泄至归零后等待 10~20s，将三位四通阀全部扳至关位，泄掉开启管线内的余压。

④拆连接管线：

a. 拆液控管线接头时下部用集油盆，防止油污外漏；b. 将连接管线两端的快速接头和液控柜上的接头用防尘盖或防雨布包扎进行有效保护；c. 下部垫防渗布将连接管线逐根捆绑牢固后摆放整齐，完成后上盖防雨布。

⑤拆除电源：断开液控柜专用电源，由电工拆除连接电缆。

⑥关闭液控柜的盖板，盖上防雨布。

⑦回收工具、物资，进行保养，摆放到位、清洁场地。

⑧填写维护保养记录，注明消耗材料的规格、型号、数量，要准确、详细、工整。

（四）使用技术要求

①检查钢圈、液控平板阀、螺栓等材料的规格型号、数量、压力级别是否符合要求。

②液控平板阀与液控柜操作阀对应标记挂牌。

③在施工期间操作杆应处于工作位，并且保证有足够的工作压力（10.5MPa），压力不够及时进行补压。

（五）安全注意事项

①液控柜必须安装接地装置，液控柜电源必须是独立电源。

②穿越道路时液压管线应有防碾压保护措施。

③液控柜应指定有专人进行操作。

④液控柜应防日晒雨淋，应有防渗漏措施。

⑤做好液控柜的巡回检查，使液控柜随时处于工作状态。

⑥液控柜应每年进行送检，保存其送检报告。

三 测量器具

（一）垫圈流量计（无阻流量计）

1. 当气产量小于 $0.8 \times 10^4 \text{m}^3/\text{d}$ 时一般采用垫圈流量计测气。

垫圈流量计测气时应满足下列条件：

①流量计内径与排气管线内径相同，流量计上流直管段长度大于 10 倍流量计内径，下流直通大气，下流压力为大气压力。

②挡板（孔板）孔眼直径等于 0.4~0.8 倍流量计内径，厚度为 3~6mm，孔板喇叭口朝向气流下方。

③气流通过挡板孔产生压差，选择合适挡板使水柱（汞柱）高差控制在 75~150mm。

根据所测压差计算气体流量，计算公式如下：

$$Q = 10.87d^2\sqrt{\frac{\Delta H}{r \times T}} \text{（汞柱时适合气产量 } 3000\text{~}8000\text{m}^3/\text{d}）$$

$$Q = 2.93d^2\sqrt{\frac{\Delta H}{r \times T}} \quad \text{（水柱时适合气产量小于 } 3000\text{m}^3/\text{d}）$$

式中　Q——气体流量，m^3/d；

　　　H——水柱（汞柱）高度，mm；

　　　r——气体相对密度；

　　　d——孔板直径，mm；

　　　T——温度，T。

2. 垫圈流量计安装操作

①清洗：用钢丝刷、清洗剂、棉纱清洗油管母扣和垫圈流量计公扣丝扣，并擦拭干净。

②缠绕生料带、涂抹黄油：正对垫圈流量计公扣丝扣端，按顺时针方向均匀缠绕生料带，把黄油均匀涂抹在垫圈流量计的公扣上。

③连接上游油管：连接流量计与上游油管，用管钳上紧。

④拆卸流量计压帽：将垫圈流量计从压帽处卸开。

⑤清洗：用钢丝刷、清洗剂、棉纱清洗流量计压帽处丝扣、垫圈流量计孔板座并擦拭干净。

⑥安装孔板：先在垫圈流量计孔板座上安装垫环，再安装合适的测试孔板，孔板喇叭口朝下游方向。

⑦上压帽：对接垫圈流量计两端，先用手上压帽，再用管钳紧扣。

⑧连接下游油管：连接流量计与下游油管，用管钳上紧。

⑨注入清水：向 U 形管内注入清水，加入适量指示剂，保持液面在 0 刻度面。

⑩连接、放置 U 形管：将橡胶软管一端连接到流量计上的气流出口处，另一端连接在 U 形管的一端，再竖直平稳放置 U 形管。

⑪插入温度计：在流量计温度孔上插入温度计。

⑫记录：记录垫圈流量计孔板大小。

⑬回收保养、工具、物资后摆放到位。

3. 垫圈流量计拆卸操作

①检查：关闭测试管线前闸阀，泄掉管线内压力，确保管线内压力归零、管内无油污、硬化泥浆等，含硫气井拆卸前必须检查确保管道内无残留硫化氢气体。

②拆压板：用扳手将流量计上下游压板卸下。

③卸附件：拆下流量计上安装的 U 形管、压力表、截止阀、温度计等附件。

④拆卸流量计压帽：将垫圈流量计从压帽处拆开，取下孔板。

⑤拆卸流量计：打好备钳，主钳从活动管线一端开始松扣 3~5 圈。抬起被拆卸流量计部分，使其与固定端油管接箍在同一水平面，进行手动卸扣，直至脱离。

⑥回收工具、物资，进行保养，摆放到位、清洁场地。

4. 安全注意事项

①安装时使用管钳期间注意人员站位，应在管钳运动方向侧面以防止伤人。

②更换流量计时提前检查确保流量计管道内压力归零。

③含硫油气井更换流量计前确认管道内无有毒有害气体，防止中毒。

④拆卸压力表前应先泄压。

（二）临界速度流量计

当气产量大于 $0.8 \times 10^4 \mathrm{m}^3/\mathrm{d}$ 时，一般采用临界速度流量计，因其具有比较准确、测量范围宽的优点，如图 2-5-4 所示。

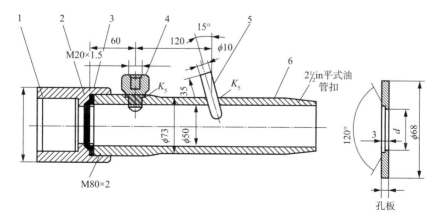

图 2-5-4　临界速度流量计示意图

1—压帽；2—垫片；3—孔板；4—压力表接头；5—温度计插管；6—本体

1.临界速度流量计测气时应满足的条件

①流量计内径与排气管线内径相同，流量计上流直管段长度大于10倍流量计内径，下流直管段长度大于5倍流量计内径。

②孔板孔眼直径等于0.4~0.8倍流量计内径，厚度为3~6mm，孔板喇叭口朝向气流下方。

③选用适当的孔板，使天然气通过孔板时上流绝对压力 P_1 与下流绝对压力 P_2 满足 $P_2 \leqslant 0.546 P_1$，并且使上流压力控制在 0.083~0.4MPa。

折算为标准状况（1atm、20℃）时的日产气量计算公式如下：

$$Q = 2141.6 C \times d^2 \times \frac{P_1}{\sqrt{r \times T \times Z}}$$

式中　Q——日产气量，m^3/d；

　　　C——临界流量系数；

　　　d——孔板直径，mm；

　　　P_1——孔板上流绝对压力，MPa；

　　　r——气体相对密度；

　　　Z——天然气压缩系数；

　　　T——孔板上流绝对温度，K。

2.规格型号

常见气体流量计的主要参数见表2-5-3。

表 2-5-3　常见气体流量计的主要参数

规格 ＼ 型号	3½″ NU/35MPa	2⅞″ NU/35MPa	2⅜″ NU
工作压力 /MPa	35	35	15
孔板	1~35mm	1~35mm	1~35mm
工作温度 /℃	−29~121（P、U）	−29~121（P、U）	−29~121（P、U）
孔板密封形式	O 形圈密封 / 铜垫密封	铜垫密封	铜垫密封
材料级别	EE	EE	EE

3.临界速度流量计安装操作（以 2⅞″ NU/35MPa 为例）

①清洗：用钢丝刷、清洗剂、棉纱清洗油管母扣和临界速度流量计公扣丝扣，并擦拭干净。

②缠绕生料带、涂抹黄油：正对临界速度流量计公扣丝扣端，按顺时针方向均匀缠绕生料带，把黄油均匀涂抹在临界速度流量计的公扣上。

③连接上游油管：连接流量计与上游油管，用管钳上紧。

④拆卸流量计压帽：将临界速度流量计从压帽处卸开。

⑤清洗：用钢丝刷、清洗剂、棉纱清洗压帽处丝扣、临界速度流量计孔板，并擦拭干净。

⑥安装孔板：先在临界速度流量计孔板座上安装垫环，再安装合适的测试孔板，安装时喇叭口朝下游方向。

⑦上压帽：在临界速度流量计压帽丝扣上均匀涂抹黄油，对接流量计两端，先用手上压帽，再用管钳紧扣。

⑧连接下游油管：连接流量计与下游油管，用管钳上紧。

⑨安装压力表：用扳手安装截止阀、精密压力表（一般为 6MPa）。

⑩开启截止阀：关闭截止阀泄压孔，逆时针方向开启截止阀。

⑪插入温度计：在温度孔内填入适量防冻液，插入温度计。

⑫记录：记录临界速度流量计孔板大小。

⑬回收、保养工具、物资后摆放到位。

4. 临界速度流量计拆卸操作

①检查：关闭测试管线前闸阀，泄掉管线内压力，确保管线内压力归零、管内无油污、硬化泥浆等，含硫气井拆卸前必须检查管道内有无残留硫化氢气体。

②拆压板：用扳手将流量计上下游压板卸下。

③卸附件：拆下流量计上安装的压力表、截止阀、压力探头、温度计等。

④拆卸流量计压帽：将临界速度流量计从压帽处拆开，取下孔板。

⑤拆卸流量计：打好备钳，主钳从活动管线一端开始松扣 3~5 圈。抬起被拆卸流量计部分，使其与固定端油管接箍在同一水平面，进行手动卸扣，直至脱离。

⑥回收工具、物资，进行保养，摆放到位、清洁场地。

5. 安全注意事项

①安装时使用管钳期间注意人员站位，应在管线运动方向侧面以防止伤人。

②更换临界速度流量计时提前检查流量计管道内压力是否归零。

③含硫油气井更换流量计前确认管道内无有毒有害气体，防止中毒。

④拆卸压力表前应先泄压。

（三）三相分离器流量计

1. 丹尼尔流量计的作用和分类

丹尼尔（Daniel）流量计的作用：主要用于测试天然气产量的计量设备。可安装在分离器测试管线上，亦可直接安装在输气管道上用于计量所通过管道的天然气气量大小。

常用丹尼尔流量计按外观结构大致分为法兰式、法兰焊颈式和焊颈式三大类。

2. 结构原理

丹尼尔流量计的结构如图 2-5-5 所示。

丹尼尔流量计投入使用时在测试系统软件输入相关参数及孔板直径就可以与双波纹差压计配合使用进行计量。丹尼尔流量计的优点在于测试过程中可以不关井进行带压更换孔板。

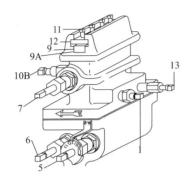

图 2-5-5　丹尼尔流量计

1—平衡阀；5—滑阀；6—下腔齿轮；7—上腔齿轮；9—上腔盖板；9A—密封垫；
10B—泄压阀；11—压板螺栓；12—压板；13—黄油嘴

3. 分离器带压更换孔板操作步骤

①检查滑阀，确定滑阀处于关闭状态。

操作：用丹尼尔专用扳手套住滑阀阀杆，逆时针旋转，直到滑阀关闭为止。

②检查平衡阀，确定平衡阀处于关闭状态。

操作：用丹尼尔专用扳手套住平衡阀阀杆，顺时针转动，直到平衡阀关闭为止。

③检查泄压阀，确认泄压阀关闭。

操作：用丹尼尔专用扳手套住泄压阀阀杆，顺时针旋转，直到泄压阀关闭为止。

④打开平衡阀：开启滑阀后才能使得上下腔压力平衡。

操作：用丹尼尔专用扳手套住平衡阀阀杆，逆时针转动，直到平衡阀开启。注意：开启滑阀一定要慢，以免压力突然窜入。

⑤打开滑阀：打开上摇孔板的通道。

操作：用丹尼尔专用扳手套住阀杆，顺时针转动 1/4 圈打开滑动闸板阀，指针指向 OPEN 的位置（很多情况下，指针松掉或者脱落而指示不准，这时候，应该顺时针转动滑阀直至转不动为止）。

⑥移动孔板：把装有孔板的孔板支架从下腔移动到上腔，让孔板支架与上腔齿轮轴啮合。

操作：用丹尼尔专用扳手套住下腔齿轮摇柄，逆时针旋转，把孔板支架摇到上腔中，使孔板支架与上腔齿轮轴啮合。

注意：实际操作中，孔板支架有时候不能正常地与上腔齿轮轴啮合，这时候，可以先往顺时针方向摇动一下下摇柄，再活动一下上摇柄，然后再进行啮合。通常，当孔板支架与上腔齿轮轴啮合后，继续摇动下摇柄，会发现上摇柄也在跟着转动。孔板由上腔摇到下腔，原理一样。

⑦把孔板支架摇到位。

操作：用丹尼尔专用扳手套住上腔齿轮摇柄，逆时针转动，把孔板支架完全摇到上腔中（逆时针摇不动为止），使孔板支架顶到盖板和密封垫上。

⑧关闭滑阀：隔断上下腔压力，才能安全地在上腔更换孔板。

操作：用丹尼尔专用扳手套住阀杆，逆时针转动 1/4 圈关闭滑动闸板阀，指针指向

CLOSE 的位置（很多情况下，指针松掉或者脱落而指示不准，这时候，应该逆时针转动滑阀直至转不动为止）。

4. 注意事项

①操作人员必须熟悉和掌握各项操作步骤方可作业。

②保证设备运行正常后，方可进行作业。

③高含硫的作业井操作人员必须配备 H_2S 报警仪，穿戴正压式空气呼吸器。

④至少需要两人配合作业。

⑤有一名操作人员在紧急关断系统 ESD 前待命，若出现紧急情况随时关井。

（四）压力表

1. 压力表的作用

压力表主要用于液体、气体的压力测量。

2. 工作原理

压力表的工作原理是利用弹性敏感元件（如弹簧管）在压力作用下产生弹性形变，其形变量的大小与作用的压力呈一定的线性关系，通过传动机构放大，由指针在分度盘上指示出被测的压力。压力表按弹性敏感元件的不同，可分为：弹簧管式、膜盒式、膜片式和波纹管式等。其中最为常用的是弹簧管式压力表，一般与截止阀配合使用。

（1）压力表截止阀和缓冲器结构

如图 2-5-6 所示，缓冲器内有两根小管 A、B，缓冲器内装满隔离油（变压器油），开

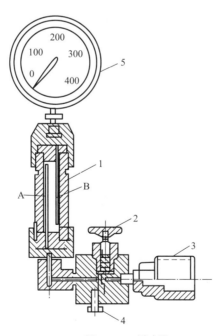

图 2-5-6　缓冲器

1—缓冲器；2—截止阀；3—接头；4—泄压螺钉；5—压力表

启截止阀后，天然气进入 A 管，并压迫隔离油（变压器油）进入 B 管，并把压力值传递到压力表。由于隔离油（变压器油）作为中间传压介质，硫化氢不直接接触压力表，压力表不受硫化氢腐蚀。

泄压螺钉起泄压作用，当更换压力表时，关闭截止阀微开螺钉，缓冲器内的余压由螺钉的旁通小孔泄掉。

（2）弹簧管式压力表

弹簧管式压力表品种多、使用范围广，具有安装使用方便、刻度清晰、简单牢固、测量范围较广等优点。

①弹簧管式压力表的结构：弹簧管式压力表的结构如图 2-5-7 所示，它是由外壳、弹簧管、指针、扇形齿轮、中心齿轮、拉杆、游丝、刻度盘、接头、固定座等组成。

②弹簧管式压力表的工作原理：测量元件弹簧管是一个弯曲或圆弧形的空心管子，截面呈扇形或椭圆形。它的一端是固定端 "A"，作为被测压力的输入端；另一端为自由端 "B"，是封闭的。被测压力由接头 9 通入弹簧管固定端，迫使弹簧管的自由端向右上方扩张。自由端的弹性变形位移通过拉杆 2 使扇形齿轮 3 作逆时针偏转，进而带动中心齿轮 4 作顺时针偏转，使与中心齿轮同轴的指针 5 也作顺时针偏转，从而在面板 6 的刻度标尺上显示出被测压力的数值。

③游丝 7 的作用是保证扇形齿轮和中心齿轮啮合紧密，从而克服齿轮间隙引起的仪表变差。改变调节螺钉 8 的位置（即改变机械传动的放大系数），可以实现压力表量程的调整。

④弹簧管的材料，因被测介质的性质和压力的高低而不同。一般压力小于 20MPa 时用磷铜弹簧管；压力大于 20MPa 时用不锈钢弹簧管。测氨气时用不锈钢弹簧管；测含硫气时用抗硫合金钢弹簧管。

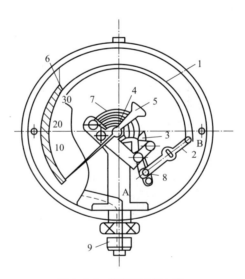

图 2-5-7 弹簧管式压力表
1—弹簧管；2—拉杆；3—扇形齿轮；4—中心齿轮；
5—指针；6—面板；7—游丝；8—调节螺钉；9—接头

3. 规格型号

常见弹簧管式压力表的型号规范见表 2-5-4。

表 2-5-4 常用弹簧管式压力表的型号规范

型号	常用规格，MPa	连接螺纹	常用准确度等级
Y-100	0.4，0.6，1.0，1.6，2.5，4.0，6.0，10，16，25，40，60	M20×1.5	1.5，2.5
Y-150	0.4，0.6，1.0，1.6，2.5，4.0，6.0，10，16，25，40，60	M20×1.5	1.5，2.5
Y-160	0.4，0.6，1.0，1.6，2.5，4.0，6.0，10，16，25，40，60	M20×1.5	1.5，2.5
YB-150	1.0，1.6，2.5，4.0，6.0，10，16，25，40，60	M20×1.5	0.16，0.1，0.16，0.25，0.4，0.6
YB-160	1.0，1.6，2.5，4.0，6.0，10，16，25，40，60	M20×1.5	0.16，0.1，0.16，0.25，0.4，0.6

4. 安装与维护保养

（1）安装操作（以 Y-100 弹簧管压力表为例）

①检查：检查井口法兰、表接头、截止阀、缓冲器丝扣有无损伤；

②安装表接头：人员正对表接头丝扣，按顺时针方向均匀缠上生料带，先用手上扣 3~5 圈，再用管钳上紧；

③安装截止阀：在截止阀公扣上均匀缠绕生料带，截止阀泄压孔靠向压力表一端，先手动上扣 3~5 圈，再用活动扳手上紧截止阀；

④安装缓冲器：在截止阀内平稳放入铜垫，将缓冲器安装在截止阀上，先用手上扣 3~5 圈，再用活动扳手上紧缓冲器；

⑤安装压力表：在缓冲器内平稳放入铜垫，用手将压力表顺时针旋转上扣 3~5 圈后，用活动扳手将压力表上紧；

⑥关泄压孔：用活动扳手顺时针旋转关闭截止阀泄压孔；

⑦关截止阀：顺时针旋转截止阀（开关）手柄，关闭截止阀；

⑧开闸阀：逆时针打开压力表前的闸阀，使压力缓慢传至截止阀；

⑨开截止阀：操作人员正对压力表表盘，避开泄压孔，逆时针缓慢开启截止阀，在压力表慢慢起压至压力稳定后全开截止阀；

⑩回收、保养工具、物资后摆放到位。

（2）拆卸操作

①检查：关闭压力表前的闸阀，含硫油气井测试期间更换压力表需佩戴正压式空气呼吸器，并开启防爆排风扇正对压力表进行排风；

②关截止阀：顺时针旋转截止阀（开关）手柄，关闭截止阀；

③开泄压孔泄压：用活动扳手逆时针旋转缓缓开启截止阀泄压孔泄压，操作时人员站在泄压孔侧面；

④卸压力表：用活动扳手逆时针旋转缓慢松压力表丝扣。松 2~3 圈扣后用一只手扶压力表顶部防止意外脱落，另一只手将压力表逆时针旋转卸掉；

⑤卸缓冲器：用活动扳手卸掉缓冲器 2~3 圈扣后用手将其卸掉；

⑥关泄压孔：用活动扳手顺时针旋转关闭截止阀泄压孔；

⑦保养：将截止阀丝扣连接孔注满黄油，包扎防水布；

⑧回收、保养工具、物资后摆放到位。

5. 使用技术要求

①检查压力表无损坏，且在有效检验期内；

②工作压力应在压力表量程的 1/3~2/3 内；

③截止阀开启必须缓慢，关闭必须迅速；

④安装压力表时禁止在丝扣处涂抹黄油；

⑤不能敲击或剧烈震动压力表；

⑥确定截止阀泄压孔关闭后才能打开闸阀；

⑦压力表盘安装时注意方向，表盘不能朝上或朝下。

6. 安全注意事项

①卸压力表之前必须打开泄压孔泄压，泄压时人员严禁正对泄压孔；

②卸松压力表后必须确认无余压，方能继续拆卸；

③安装压力表时，先用手引扣后，再用扳手上紧，避免损坏丝扣；

④卸压力表时，严禁野蛮拆卸，造成压力表损坏；

⑤含硫气井应两人配合操作，一人操作，一人观察监控。

（五）温度计

测温度的仪表即温度计，按其测量范围，分为低温温度计（测量温度小于或等于 550℃），高温温度计（测量温度大于或等于 550℃）。按照仪表工作原理，测温仪表分为接触式与非接触式两种。接触式测量仪表具有结构简单、可靠、精确、便宜等优点，采输气站用得较多，如玻璃温度计、双金属温度计、压力表式温度计和热电阻、热电偶温度计等。

玻璃温度计、双金属温度计是利用感温包内的测量物质（水银、酒精或甲苯等）受热膨胀、遇冷收缩的原理进行测温的，亦被称为膨胀式温度计。

玻璃温度计如图 2-5-8 所示，由玻璃温包、毛细管和刻度标尺构成，有直式、90° 角式及 135° 角式等类型。

玻璃温度计中的水银温度计是输气生产中广泛应用的温度计，测量范围为 –30~750℃。为防止因碰撞而损坏，输气站常使用带保护套内标尺式玻璃液体温度计，如图 2-5-9 所示。

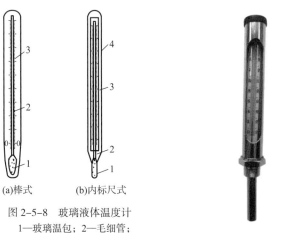

(a)棒式　　(b)内标尺式

图 2-5-8　玻璃液体温度计
1—玻璃温包；2—毛细管；
3—刻度标尺；4—玻璃外壳

图 2-5-9　带保护套内标尺式玻璃液体温度计

（六）密度计

1. 密度计的结构

密度计是测定修井液密度的计量器具。它基于杠杆平衡原理，杠杆左端为修井液杯，由右端平衡柱和可沿杠杆移动的游码保持平衡。其结构如图 2-5-10 所示。

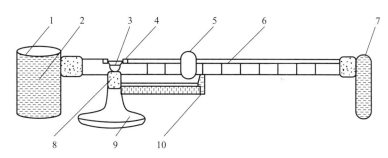

图 2-5-10　密度计结构示意图
1—杯盖；2—量杯；3—水准泡；4—刀口；5—游码；
6—杠杆；7—平衡柱；8—刀座；9—底座；10—挡壁

2. 技术要求

①在密度计的适当位置上应标明：名称、型号、分度值、制造厂名、制造编号、制造年月等。

②杯、杯盖、杠杆和底座应有统一的出厂编号。

③密度计表面光洁，不得有剥落、碰伤及划痕等缺陷。

④杠杆上的刻度清晰，分度值为 0.01g/cm³，刻线垂直于杠杆，宽度不大于 0.4mm，间隔均匀。

⑤紧固件不得有松动、损伤。

⑥刀口和刀承的工作部分应光洁，其硬度要求是：刀口为 HRC58~62；刀承为 HRC62~65。刀口与刀承接触后，杠杆摆动灵活。

⑦游码在杠杆上移动时平稳、灵活。

⑧杯盖与杯口配合适中，盖孔无堵塞。

⑨底座的底面平整。

⑩密度计的灵敏限应符合规定（表2-5-5）。

表2-5-5　各种量程密度计的灵敏限

测量范围 /（g/cm³）	0.96~2.00	0.70~2.40	0.96~3.00	1.30~3.00
灵敏限 /g	≤0.7	≤1.0	≤1.4	≤1.2

3. 测压井液密度操作

①检查确保密度计表面无变形、残缺。

②测量前应先用清水校正密度计。方法是将密度计量杯灌满清水，慢慢旋转杯盖并盖好，擦去杯盖周围溢出的水，将密度计放在支架上，支架座要平，移动游码放到刻度1的位置（水的相对密度为1.0）。

③看水平气泡在水平中间。若气泡向量杯方向偏移，说明密度计平衡圆柱过重，应减少铅粒，若气泡向平衡圆柱方向偏移，说明密度计平衡圆柱过轻，应增加铅粒，直到气泡在水平中间静止。

④密度计校验合格后，将待检验的压井液充分搅拌后注满清洁、干燥的量杯。

⑤盖上盖，慢慢拧紧杯盖，使多余的液体从盖上小孔处冒出来。

⑥用手指压住盖上小孔，清洗或擦干量杯外及臂梁上的液体。

⑦把刀口放在支点上，移动并调整游码。当水平气泡在水平中间时，读出内侧所示刻度数值即为压井液的相对密度。

⑧测完后，将密度计洗净、擦干。

4. 技术要求

①密度计使用前必须检查，校验合格后方可使用。

②所测量数据要真实准确，取小数点后两位。

③使用完毕后应妥善保管，防止挤压变形损坏。

（七）黏度计

1. 黏度计的结构

黏度计由两大部分组成，一部分是锥形漏斗，另一部分是量杯。量杯为一圆柱形杯状，中间用一隔板隔开将其分为上下两部分，一部分的体积为500mL，另一部分的体积为200mL。黏度计结构如图2-5-11所示。

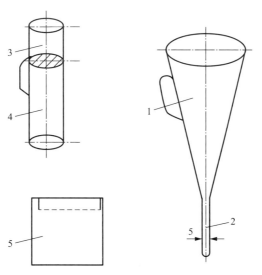

图 2-5-11　黏度计结构示意图
1—漏斗；2—管子；3—量杯200mL部分；
4—量杯500mL部分；5—筛网及杯

2. 测压井液黏度操作

①测量黏度前，应用清水校验黏度计。将黏度计漏斗垂直拿到手中，食指堵住漏斗出口，将 500mL 量杯中的清水倒入漏斗中，再取 200mL 量杯清水倒入漏斗中，共 700mL 清水。保持黏度计漏斗垂直在 500mL 量杯上方，松开手指，同时启动秒表，流满 500mL 所用时间为 15.0s ± 0.2s 为合格。

②测量压井液或其他液体黏度时，将漏斗垂直拿在手中或垂直固定在支架上，用手指堵住漏斗出口，量好 700mL 后，松开手指，同时启动秒表。读出压井液流满 500mL 所用时间即为所测液体的黏度。

③测试完毕后，将各部件清洗干净放好。

3. 技术要求

①测量黏度前必须用清水校验黏度计，合格后方可使用。

②被测液体有杂草、泥沙块等杂物时，应加滤网过滤。但过滤完后应去掉滤网，否则测得的黏度不真实。

③黏度计用后必须清洗干净，放在工具箱内，防止磕碰、挤压损坏。

（八）游标卡尺

1. 用途

游标卡尺是一种能直接测量工件内、外直径，宽度，长度或深度的量具。

2. 种类

按照测量功能可以分为普通游标卡尺、深度游标卡尺、带表卡尺等；按照读数值可以分为 0.10mm、0.05mm、0.02mm 等数种。游标卡尺结构如图 2-5-12 所示。

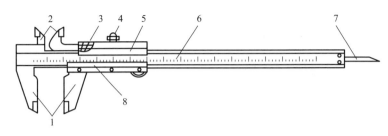

图 2-5-12　游标卡尺结构示意图
1—外量爪；2—内量爪；3—弹簧片；4—紧固螺钉；
5—尺框；6—尺身；7—深度尺；8—游标

3. 使用方法

①使用前，先将工件被测表面和量爪接触表面擦干净。

②测量工件外径时，将活动量爪向外移动，使两量爪间距大于工件外径，然后再缓慢地移动游标，使两量爪与工件接触，切忌硬卡硬拉，以免影响游标卡尺的精度和读数的准确性。

③测量工件内径时，将活动量爪向内移动，使两量爪间距小于工件内径，然后再缓慢地向外移动游标，使两量爪与工件接触，如图 2-5-13 所示。

图 2-5-13　测量工件内径

④测量时，应使游标卡尺与工件垂直，固定锁紧螺钉。测外径时，记下最小尺寸；测内径时，记下最大尺寸。

⑤用游标卡尺测量工件深度时，将固定量爪与工件上被测表面平整接触，然后缓慢地移动游标，使深度尺与工件下被测表面接触。移动力不宜过大，以免硬压游标而影响测量精度和读数的准确性，如图 2-5-14 所示。

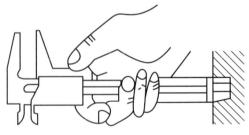

图 2-5-14　测量工件深度

⑥用毕，应将游标卡尺擦拭干净，放入盒内存放，切忌折、重压。

4. 读数方法

读数方法如图 2-5-15（a）所示：

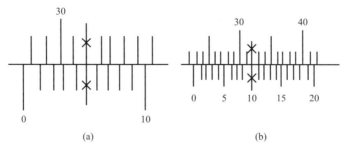

图 2-5-15　读数方法

①读出游标零刻线所指示尺身上左边刻线的毫米数。

②观察游标上零刻线右边第几条格数与尺身某一刻线对准，将精度值乘以格数，即为毫米小数值。

③将尺身上整数值和游标上的小数值相加即得被测工件的尺寸。计算公式如下：

工件尺寸＝尺身整数值＋游标卡尺精度值 × 游标格数

图 2-5-15（a）中的（精确度为 0.1mm）读数值为 27mm+5×0.1mm=27.5mm；图 2-5-15（b）中的（精确度为 0.05mm）读数值为 22mm+10×0.05mm=22.50mm。

5. 使用注意事项

①使用前，应先擦干净两卡脚测量面，合拢两卡脚，检查副尺 0 线与主尺 0 线是否对齐，若未对齐，应根据原始误差修正测量读数。

②测量工件时，卡脚测量面必须与工件的表面平行或垂直，不得歪斜，且用力不能过大，避免卡脚变形或磨损，影响测量精度。

③读数时，视线要垂直于尺面，否则测量值不准确。

④测量内径尺寸时，应轻轻地左右摆动，找出最大值。

⑤游标卡尺用完后，仔细擦净，抹上防护油，平放在盒内，以防生锈或弯曲。

四　油嘴套

（一）作用、结构原理

油嘴套安装在测试管汇出口端，油嘴套内安装油嘴，用不同尺寸油嘴控制和调节油气井的生产压差使产量、压力、油气比、含水量等平稳，保持稳产高产，油嘴套结构如图 2-5-16 所示。

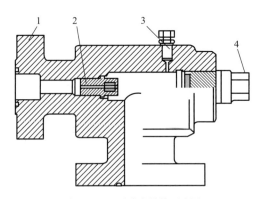

图 2-5-16　油嘴套结构示意图

1—连接法兰；2—油嘴；3—泄压阀；4—丝扣堵头

（二）规格型号

常见油嘴套主要参数见表 2-5-6。

表 2-5-6　常见油嘴套主要参数

规格 \ 型号	JLG65-35MPa	JLG65-70MPa	JLG65-105MPa
工作压力 /MPa	35	70	105
通径 /mm	52	65	65
规范级别	PSL1-3	PSL1-3	PSL1-3
工作温度 /℃	−29~121（P、U）	−29~121（P、U）	−29~121（P、U）
连接形式	丝扣连接	法兰连接	法兰连接
材料级别	EE	EE	EE
规格型号中 JLG：代表固定式节流阀			

（三）安装与维护保养

1. 安装操作（以 JLG65-70MPa 油嘴套为例）

①清洗：用棉纱清洗钢圈、钢圈槽，用钢丝刷清洗螺栓并擦拭干净。

②检查：检查钢圈、钢圈槽、密封面及螺栓丝扣是否损伤。

③安装钢圈：在钢圈槽内均匀涂抹黄油，将 BX153 钢圈装入钢圈槽内。

④对接法兰：使油嘴套与管汇台法兰处在同一水平面，对接法兰使钢圈进槽，对齐螺孔，穿入 M22×160 螺杆、戴齐螺帽。

⑤紧固螺栓：佩戴防护眼镜用 34mm 敲击扳手、榔头对角上紧。

⑥检查：检查法兰间隙、螺杆出帽情况（螺杆露出 2~3 扣）。

⑦验漏：气体流经该处时产生节流，检查两端法兰处有无渗漏现象，含硫气井作业时

应佩戴正压式空气呼吸器。

⑧回收保养、工具、物资后摆放到位。

2. 拆卸操作

①检查：

a. 先开启另一条测试管线，再关闭油嘴套前管道闸阀，确保油嘴套内压力归零、管道内无圈闭压力；

b. 含硫气井拆卸前必须检查是否有硫化氢气体残留。

②拆卸连接螺栓：用 34mm 敲击扳手依次拆卸法兰连接螺栓。

③卸油嘴套：使油嘴套与固定端法兰在同一水平面上，缓慢往外拉卸下油嘴套，钢圈槽侧面进行摆放。

④摆放到位：将卸下的油嘴套整齐地摆放在备用材料区域木板上，钢圈槽侧面摆放。

⑤检查法兰件钢圈槽、螺栓、密封面有无损伤并均匀涂抹黄油，包扎防潮布，盖上防雨布。

⑥回收、保养工具、物资后摆放到位。

常见油嘴套法兰连接参考见表 2-5-7。

表 2-5-7　常见油嘴套法兰连接参考

油嘴套	JLG65-70MPa	JLG65-105MPa
法兰型号	65-70	65-105
垫环	BX153	BX153
螺栓	M22×160	M27×185
敲击扳手	34mm	41mm

3. 维护保养要求

①钢圈、钢圈槽、金属密封面及螺栓丝扣必须清洗干净，无损伤，不留杂质。

②黄油应用毛刷均匀涂抹。

③两端法兰间隙必须一致。

④连接螺栓应对角、均匀紧固，两端丝扣出帽 2~3 扣。

（四）安全注意事项

①更换在用油嘴套前必须倒换管线，使油嘴套内处于无压力状态。

②敲击螺栓时应佩戴护目镜，人员应站在侧面进行操作。

③配合作业时应注意人员站位和安全，防止误操作造成人员伤害。

④选择合适的管钳进行拆装，禁止使用加力杆进行作业。

⑤含硫气井现场更换时提前开启排风扇，稀释、吹散硫化氢气体。

⑥油嘴套安装试压完成后，需要再次对连接螺栓进行检查紧固。

第六节 井控设备

一 防喷器

用于试油、修井、完井等作业过程中关闭井口，防止井喷事故发生的重要工具。

根据连接形式不同可分为卡箍式和法兰连接式，油气田区块属于高压区，基本使用法兰连接式井控设备。见表 2-6-1。

防喷器按操作方式分为手动防喷器与液压防喷器，手动防喷器一般适用于机抽油井，气井使用液压防喷器。

表 2-6-1 防喷器参数

名称及型号	连接形式	重量 /kg	钢圈型号
FH18-21	上栽丝下法兰	1433	BX156
FH18-35	上栽丝下法兰	1520	BX156
FH23-21	上栽丝下法兰	2440	BX157
FH23-35	上栽丝下法兰	3050	BX157
FH28-21	上栽丝下法兰	3400	BX158
FH28-35	上栽丝 R54× 下法兰 R54	4460	BX158
FH28-35/70	上栽丝 R54× 下法兰 BX158	4675	BX158
FHZ28-70/105	上栽丝下法兰	12290	BX158
FH28-105/140	上栽丝下法兰	17640	BX158
FH35-35	上栽丝 BX160× 下法兰 BX160	6415	BX159
FH35-35/70	上栽丝 BX160× 下法兰 BX159	6745	BX159
FH35-70/105	上栽丝 BX159× 下法兰 BX159	14080	BX159
FH53-21	上栽丝下法兰	6994	BX165
FH54-14	上栽丝下法兰	7660	BX166
FZ28-35	上栽丝 R54× 下法兰 R54	2190	BX158
2FZ28-35	上下栽丝 R54	4255	BX158
FZ35-35	上栽丝 BX160× 下法兰 BX160	3570	BX160
2FZ35-35	上下栽丝 BX160	5600	BX160
FZ35-70	上下栽丝	5890	BX160
FZ35-70	上栽丝 BX159× 下法兰 BX159	6445	BX159
FZ35-70	上下法兰	7070	BX159
FZ35-70	上栽丝下法兰	5767	BX160
FZ35-70	上下法兰	6322	BX159
2FZ35-70	上栽丝下法兰	10955	BX160

名称及型号	连接形式	重量/kg	钢圈型号
2FZ35-70	上下法兰	11510	BX159
2FZ35-70	上下栽丝	11270	BX160
2FZ35-70	上栽丝 BX159 × 下法兰 BX159	11950	BX159
2FZ35-70	上下法兰	12510	BX159
2FZ28-105	上栽丝 BX158 × 下法兰 BX158	12283	BX158
2FZ28-105	上下法兰	13273	BX158
FZ28-105	上栽丝 BX158 × 下法兰 BX158	6450	BX158
FZ28-105	上下法兰	6540	BX158
2FZ35-105	上栽丝 BX159 × 下法兰 BX159	14930	BX159
FZ35-105	上栽丝 BX159 × 下法兰 BX159	8260	BX159

（一）常用防喷器型号及规格

按类型分为闸板防喷器、环形防喷器，如图 2-6-1、图 2-6-2 所示。

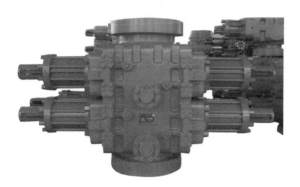

图 2-6-1　双闸板防喷器

图 2-6-2　环形防喷器

闸板防喷器按使用的闸板可分为全封、半封、变径和剪切四种，其结构主要由壳体、侧门、油缸、缸盖、活塞、活塞杆、锁紧轴、密封件、闸板等组成。用以实现不同状况下的封井，半封闸板能够封闭相应的钻杆和油管等管具，必要时还可悬挂钻具。井内无管具时，全封闸板可全封井口。在特殊情况下剪切闸板可切断钻具。另外，壳体旁侧法兰出口可进行钻井液循环和节流压井作业。

环形防喷器按其密封胶芯的形状可分为锥型环形防喷器、球型环形防喷器、组合胶芯环形防喷器、旋转环形防喷器。其结构主要由壳体、顶盖、胶芯及活塞四大件组成。当井内有钻具、油管或套管时，环形防喷器能用一种胶芯封闭各种不同尺寸的环形空间。当井内无钻具时，能全封井口。在进行钻井、取芯、测井等作业过程中，还能封闭方钻杆、取芯工具、电缆及钢丝等与井筒所形成的环形空间。在使用减压调压阀的情况下，能通过钻杆强行起下钻具。

闸板防喷器规格型号含义：2FZ18-70

2FZ：双闸板防喷器（FZ 表示为单闸板防喷器）；

18：公称通径为 180mm（井下作业常用通径为 180mm、280mm）；

70：额定工作压力为 70MPa（井下作业常用压力等级为 70MPa、105MPa）。

环形防喷器规格型号含义：FH23-35

FH：环形防喷器；

23：公称通径为 230mm（钻井常用通径为 180mm、230mm、280mm、350mm）；

35：额定工作压力为 35MPa（钻井常用压力等级为 35MPa、70MPa、105MPa）。

（二）工作原理

闸板防喷器：利用液压油推动活塞，带动闸板关闭或打开，从而封闭或打开井口，达到封井、开井的目的。

环形防喷器：由控制系统输来的高压油从下油口进入活塞下部关闭腔推动活塞向上运动，活塞带动胶芯向上运动，胶芯在顶盖的限制和活塞内锥面的挤压作用下向中心靠拢、紧缩、环抱钻具，实现密封钻具或封闭井口。开井时，活塞下行，胶芯在本身弹力作用下复位将井口打开。

（三）安装标准与要求

①作业前召开班前会，明确作业现场情况，对可能存在的安全风险进行辨识，制定防范措施，确定各自的分工。准备好要使用的工、器具，并检查确保完好好用。

②用两根的钢丝绳套分别穿过防喷器（防喷器应平放在场地）两侧提环后（无提环的防喷器可挂在防喷器油缸根部），另外两端挂在大钩上；吊装防喷器钢丝绳选择要求符合规范。

③其他人员撤离危险区域后，在专人指挥下，操作人员互相配合、平稳操作，将防喷器吊至井口，摘下挂在两端的绳套；注意防止防喷器碰撞套管头。

④将法兰密封钢圈槽清洗干净，钢圈完好无损，放好钢圈，调整好防喷器方向，下放防喷器，使防喷器底法兰平稳坐于油管四通上（注：防喷器铭牌朝向井场前方）。

⑤防喷器下放到位后挂在游车上的钢丝绳不能完全松开，穿上所有螺栓并按要求对称紧固（至少余 2 扣），再松开取下吊防喷器的钢丝绳。

⑥安装防溢管（喇叭口）。清洗防喷器顶部钢圈槽，放入经检查完好无损的钢圈后，用绞车吊起井口防溢管（喇叭口）安装在防喷器上并上紧螺栓（上紧前吊用钢丝绳不能完全松开）。

⑦连接固定防喷器使用正反扣调整固定螺栓，螺栓两端 ϕ16mm 钢丝绳套用三个 U 形卡卡牢，调正防喷器并紧固螺栓（注：液压管线连接好后，必须试验闸板并标识）。

（四）注意事项

①工作前必须进行 JSA 分析。人员分工明确，专人指挥，避免指挥混乱。

②施工前，检查吊具、索具是否完好，钢绳是否符合要求。

③安装/拆除防喷器时，采气树/防喷器均要上盖下垫，避免钢圈槽损坏。

④防喷器安装后，井口三点一线偏差不大于10mm。

⑤防喷器安装后，高出地面1.5m，必须使用符合要求的钢绳四角绷紧。

⑥连接防喷器液压管线后，必须试验开关状态与防喷器控制装置是否一致，若不一致，必须进行整改。

⑦剪切闸板安装后，必须在防喷器控制装置上安装限位装置。

⑧安装防喷器时，必须在井口附近准备好内防喷工具，做好井控应急措施。

⑨安装防喷器时，井口做好防掉落物措施。

⑩紧固防喷器螺栓时，需对角上紧。

⑪防喷器试压时，无关人员远离高压区域。

二 控制系统

控制系统是控制井口液压防喷器组及液动节流阀的重要设备，是井下作业中不可缺少的装置。

远程控制台配有两套独立的动力源。根据配置不同，提供不同排量的电动油泵、气动油泵或者手动油泵。蓄能器组的设计满足关闭全部防喷器组和打开液动阀的控制要求。带有气手动调压阀的控制装置具有远程气动调压功能。远程控制台的控制管汇上有备用压力源接口，可以在需要时引入压力源。

（一）型号分类

远程控制台型号表示方法以FKQ480-5远程控制台为例，如图2-6-3所示。

FK：地面防喷器控制装置产品代号；

Q：遥控形式（Q为气控液型，空位时无遥控）；

480：蓄能器总容积（一般常用蓄能器单个容积为40L，表明该远程控制台蓄能器有12个）；

5：控制对象数为5个。

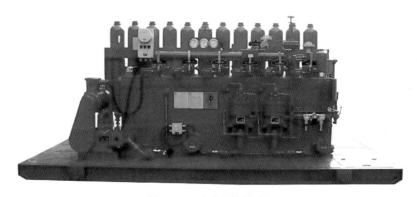

图 2-6-3　防喷器控制系统

（二）工作原理

电动油泵的启停控制：将远程控制台的电控箱控制开关转到自动位置，整个装置便处于自动控制状态。此时，如果系统压力低于 18.5MPa，压力控制器将自动启动电动油泵。压力油经单向阀向蓄能器组供油。当蓄能器压力达到 21MPa 时，压力控制器自动切断电源，使电动油泵停止供油。当系统压力下降至 18.5MPa 时，电动油泵会自动启动重新工作。

注意：将电控箱控制开关转到手动位置，按下启动按钮，电动油泵将会启动工作，系统压力升到 21MPa 时，电动油泵不会停止工作，操作者应注意观察，在需要时手动停止。

气动油泵的启停控制：打开气源开关，关闭液气开关的旁通阀，压缩空气经气源处理元件进入液气开关，如果此时蓄能器压力低于 18.5MPa，液气开关将自动开启，压缩空气通过液气开关进入气动油泵，驱动其运转，排出的压力油经单向阀进入管汇。当系统压力达到 21MPa 时，在压力油的作用下，液气开关自动关闭，切断气源，气动油泵停止工作。

注意：在个别情况下，需要使用高于 21MPa 的压力油进行超压工作时，只能由气动油泵供油。此时应首先关闭管路上的蓄能器组隔离阀，使压力油不能进入蓄能器组，同时将控制管汇上的减压溢流阀的旁通阀从"关"位扳至"开"位。打开液气开关的旁通阀使液气开关不起作用，压缩空气直接进入气动油泵使其运转。

（三）安装标准与要求

①吊装远程控制台时，必须用 4 根钢丝绳套于底座的四角起吊，起吊时请注意吊装平稳。

②远程控制台应安装于距井口 25m 以外，井场左前方。

③专用电源进入远程控制台，并在配电柜张贴"专用电源，严禁断电"。

④远程控制台背后，对应于每根油管均焊有"O""C"字符，"O"表示开"open"，"C"表示关"close"。因此，连接管路时既要按远程控制台标牌所示对应连接，又要注意标有"O""C"的管路须与防喷器本体上的"开""关"油口一致。

⑤远程控制台电动机与控制台本体应分别单独接地，做好接地检测。

⑥距放喷管线与压井管线 1m 以上距离，周围留有不少于 2m 的人行通道，10m 内不得堆放易燃易爆、腐蚀物品。

（四）注意事项

①远程控制台安装后，每周对蓄能器氮气压力进行检测，并记录（压力不少于 7 ± 0.7MPa）。

②远程控制台安装后，需对电动油泵与气动油泵分别进行试验，满足要求方能使用（电动油泵需在 15min 以内将系统压力由 0 升至 21MPa）。

③远程控制台在使用中，除非特殊情况，严禁将管汇处的旁通阀打开。

④远程控制台在使用中，确保电源开关处于自动位置，自动启停装置运转正常。

⑤汇管压力保持在 10.5MPa，如不合适，使用手动调压阀进行调整。

⑥远程控制台内的液压油，在将系统压力加压至21MPa后，油箱内的液压油应在刻度线中间位置。

⑦使用的液压油应是清洁，无杂质，无变质、乳化的液压油。

⑧使用司控台控制时，应将远程控制开关切换至远控台。

⑨司控台压力表均为二次压力表，在校验时，应按照规范进行校验。

⑩拆装司控台时，注意气管束连接法兰方向，在法兰面垫好密封垫，均匀拧紧螺栓。拆下后，需将气管束接头包扎好，避免异物进入气管束。

⑪连接的气源必须是稳定的气源，压力不小于0.7MPa，否则气控开关无法工作。

思考题

1.修井设备一般具备哪两个方面的基本功能？

2.试油气井的井口装置主要由哪些组成？

3.采气树安装有哪些操作步骤？

4.捕屑器是用于收集什么的专用设备？

5.除砂器利用什么分离清除固相颗粒？

6.测试管汇台主要由什么组成？

7.为什么在节流前须对天然气进行加热？

8.一套基本的 APR 地层测试工具包括哪些组件？

9.MFE 地层测试器由哪三大机构组成？

10.闸板防喷器按使用的闸板可分为哪几种闸板防喷器？环形防喷器按其密封胶芯的形状可分为哪几种防喷器？

扫一扫
获取更多资源

第三章

施工工艺

试油（气）施工工艺按试油（气）时间分为钻井中途测试、完井试油（气）；按有无套管分为裸眼井试油（气）、套管井试油（气）；按斜度分为直井试油（气）、定向井试油（气）和水平井试油（气）。试油（气）工艺选择要针对不同的井筒条件、地层情况、地质工程目的，选择不同的措施与方法，满足保证资料录取的要求，应遵循先进、适用、经济、配套的原则。试油（气）工艺经过多年的发展，已从常规试油（气）发展到地层测试试油（气），从单一功能的试油（气）工艺发展到多功能联作试油（气）工艺，从人工操作发展到自动化、智能化作业。试油作业工艺步骤的先后顺序安排，是施工有序推进的依据，各工序均有明确的任务和目标要求。不同的试油（气）井包含的试油（气）工艺、试油（气）工序不完全相同。

第一节　施工准备

一　现场踏勘

①道路踏勘过程中记录沿途需要注意的转弯角、电线架高、道路桥梁、隧道能否通过重型车辆等事项。

②了解井场周边环境，所在地是否存在工农关系、前期施工队伍遗留问题等，避免在搬迁和施工过程中由于油地关系影响安全生产正常运行。

③详细、准确地收集施工井钻井基础资料、邻井和本井以往测试资料，特别是钻开油气层时的钻井液类型、性能，油气层油气显示和钻井过程中井漏、井涌、井喷等复杂情况，井筒现状、井筒及井口试压情况等。

④井场周边永久性公共设施应达到安全距离（否则将风险评估及措施报业主方批复），检查有无火灾爆炸、洪汛等安全隐患，有无污染。放喷池、污水池容积能否满足后期施工需求。

⑤详细、准确地收集目前井口装置及方井、钻井队节流及压井管汇等数据，确认采气树、防喷器、转换法兰等型号。

⑥根据设计施工要求和布局现状，规划试气场地，合理安排试气流程与其他设备保持安全距离，流程应能够满足射孔、压裂、放喷、压井、排液、求产要求，并达到美观、整齐、转换方便、安全可靠，压井管线应能够满足正注和反注条件。

⑦对勘探情况进行描述，形成报告，及时上报、跟踪。

二 材料准备

①地面流程控制装置：管汇台（140MPa、105MPa、70MPa、35MPa 等）、油嘴套、油嘴、针形阀、平板阀等。

②分离装置：分离器（卧式、立式）。

③计量装置、器具：气体流量计、压力表、温度计、孔板、计量罐等。

④通用工具：管钳、扳手、榔头、油嘴扳手等。

⑤入井材料：短节、变丝、筛管等。

⑥井下工具：旋转接头、测试工具、通井规、刮削器、完井工具等。

⑦流程材料：油管、短节、由壬接头、弯头、变丝接头等。

⑧其他：安全标识牌、警戒线、废液回收罐、消防器材等。

⑨采气树规格：140MPa、105MPa、70MPa、35MPa、21MPa 等。

三 搬迁入场

试油（气）队成立搬迁领导小组，落实人员职责，分工明确：

①吊车、货车需求申请：现场向管理部门提出吊车、货车需求，与承包商对接使用时间和地点，共同踏勘道路、井场，确定行车路线。

②技术安全交底：向搬迁人员详细说明作业内容、明确行车路线，开展 JSA 分析、办理吊装作业许可，进行安全环保风险提示（井况、高危区域分布、劳保用品穿戴要求、应急逃生路线等）。

③装卸车及摆放：严格按照吊装作业许可管理规定和十不吊作业、按照预定计划位置摆放设备材料。

四 地面流程安装与固定

（一）流程安装

施工井要安装完整的地面试油气流程，满足调节、分离、计量、保温等要求。流程安装做到横平竖直，放喷管线不安装小于 90° 的钢质弯头，高压油气井使用 90° 法兰弯头，做到管汇台距井口不少于 10m，放喷口距井口不少于 75m（含硫化氢井不少于 100m）。拐弯处采用加厚耐冲蚀优质管材。硬接触处用胶皮垫好，防止管线抖动摩擦产生火花发生危险。同时，还应注意以下几个方面的要求：

①含硫化氢井，所有地面流程材料均应具有抗硫性能。

②安装调试应做到"平、稳、正、全、牢、灵、通"，不漏"油、气、水、电、泥浆"，能满足不同工况下使用及安全环保要求。

③组装闸阀、法兰时，应先清洗钢圈槽和钢圈，待干燥后均匀涂抹黄油。组装时，穿上螺杆采用对角上紧上平法兰，确保各螺杆受力均匀。螺栓两端余扣保持一致且至少余 2~3 扣。

④安装油嘴套、流量计及管线时应检查有无油嘴、孔板、堵塞物，保证管线畅通。

⑤放喷管线尽量平直，放喷口应安装燃烧筒、修建防火墙，安装位置位于当地常风向的下风向，并具有安全点火条件，同时避免污染农田。

⑥安装前、后应对流程通道进行吹扫、试压，确保通道内无杂物。

（二）流程固定

①地面流程按规范要求采用水泥基墩加地脚螺杆固定。固定位置：管汇台、分离器、水套加热炉或锅炉、热交换器、捕屑器、除砂器、放喷口、各拐弯处，平直管线固定间隔距离 10~15m。

②水泥基墩尺寸：长大于 0.8m，宽大于 0.6m，深大于 0.8m，放喷口距离水泥基墩边缘小于 0.5m，管线悬空处应垫实。

③含硫化氢气井、特深层油气井水泥基墩尺寸：长不小于 1.0m，宽不小于 0.8m，深不小于 1.0m。

（三）地面流程结构

油气井根据井深、储层类别、流体性质划分成中浅井、陆相深井、含硫化氢油气井、特深层油气井和页岩（油）气井五大类试气地面流程结构。

1. 中浅井

①选择三翼 70MPa 或 35MPa 一级节流试气地面流程。

②井口采气树至一级管汇台单油、单套、采用 ϕ73mm×5.51mm 或以上壁厚的 P110 油管连接；其中：至放喷池为 2 条放喷管线（1 条兼分离器排污管线）+1 条测试管线。

2. 陆相深井

①选择三翼 105MPa+ 四翼 70MPa 二级节流试气地面流程。

②井口采气树至一级管汇台，一条油压管线采用同压力级别的法兰管线连接，一条油压和套压管线采用 ϕ88.9mm×7.34mm 或以上壁厚的 P110 油管连接，对应管线应安装同等压力级别的地面安全阀（液控闸阀）；管汇台之间采用同压力级别法兰管线连接，水套加热炉安装在两级节流控制管汇之间，并采用 ϕ88.9mm×7.34mm 或以上壁厚的 P110 油管连接；其中：至放喷池为 3 条放喷管线（1 条兼分离器排污管线）+1 条测试管线。

3. 含硫化氢油气井

①含硫化氢勘探井、预探井选用三翼 105MPa+ 四翼 70MPa+ 五翼 70MPa 三级节流试气地面流程。

②含硫化氢开发井，选用四翼 105MPa+ 五翼 70MPa 二级节流试气地面流程。

③井口采气树至一级管汇台双翼油压、单翼套压及管汇台之间的连接均采用同等承压级别的法兰管线连接，双翼油压对应管线应安装同等压力级别的地面安全阀（液控闸阀）；

锅炉、热交换器安装在最后两级节流控制管汇之间，其中：105MPa 管汇台至 70MPa 管汇连接三条法兰直通道管线，主放喷池为 3 条主放喷管线（1 条兼分离器排污管线、1 条兼测试管线）+1 条测试管线 +1 条分离器安全泄压管线，副放喷池为 2 条副放喷管线。

4. 特深层油气井

①选择三翼 140MPa+ 四翼 105MPa+ 五翼 70MPa 三级节流试气地面流程。

②井口采气树至一级管汇台双翼油压、单翼套压及管汇台之间的连接均采用同等承压级别的法兰管线连接，双翼油压对应管线应安装同等压力级别的地面安全阀（液控闸阀）；锅炉、热交换器安装在最后两级节流控制管汇之间。其中：140MPa 管汇台至 105MPa 管汇连接三条法兰直通道管线，主放喷池为 3 条主放喷管线（1 条兼分离器排污管线、1 条兼测试管线）+1 条测试管线 +1 条分离器安全泄压管线，副放喷池为 2 条副放喷管线。

③若特深层油气井不含硫化氢气体，则不安装副放喷池管线。

5. 页岩（油）气井

①选择三翼 105MPa+ 四翼 70MPa 二级节流试气地面流程。

②井口采气树至捕屑器、一级管汇台采用单翼套压以及管汇台之间采用同压力级别的法兰管线连接（其中井口套压出口连接液控闸阀），对应管线应安装同等压力级别的地面安全阀（液控闸阀）；其中：至放喷池为 3 条放喷管线（1 条兼分离器排污管线）+1 条测试管线。

③平台井试气地面流程则在单井试气流程结构基础上进行串联/并联组合，满足多口井压裂改造和压后排液同时作业需求。

④含有硫化氢和二氧化碳的页岩（油）气井，流程设备应具有抗硫化氢、抗二氧化碳腐蚀的能力。

各类井典型地面流程结构详见图 3-1-1 至图 3-1-6。

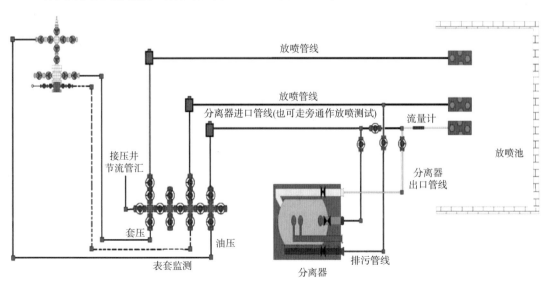

图 3-1-1　单通道流程连接示意图

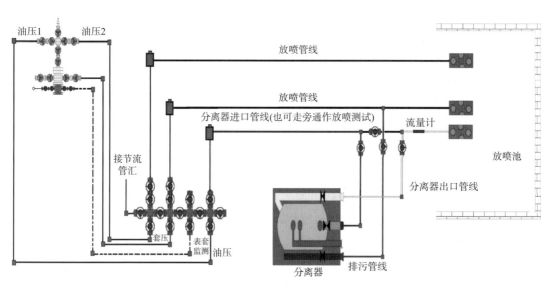

图 3-1-2 双油单套流程连接示意图

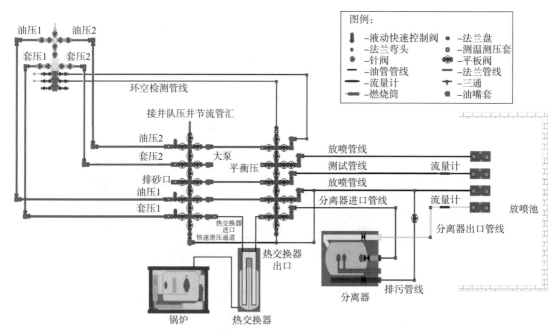

图 3-1-3 中深层开发井二级节流流程连接示意图

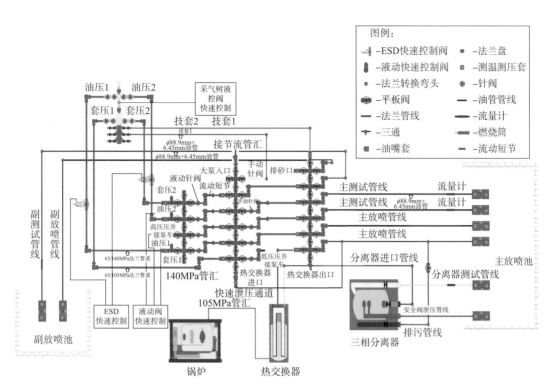

图 3-1-4　海相探井三级节流流程连接示意图

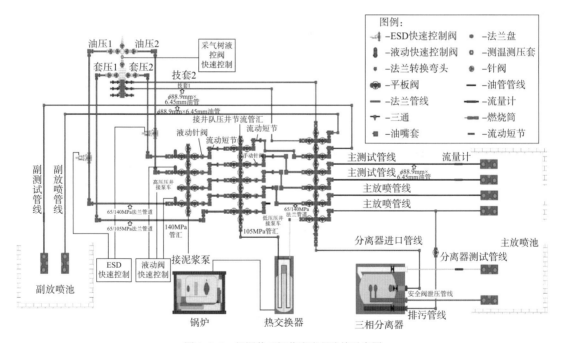

图 3-1-5　超深井三级节流流程连接示意图

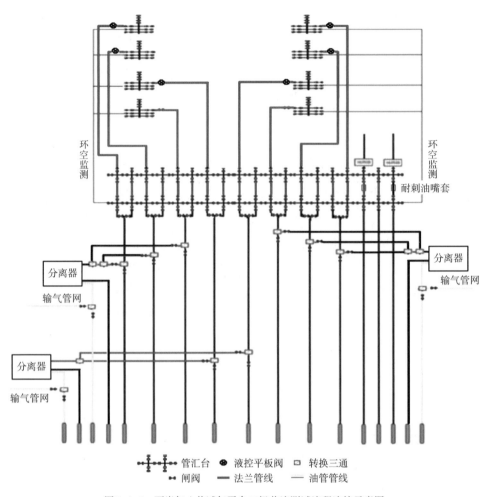

| ✚ 管汇台 | ⊗ 液控平板阀 | ▯ 转换三通 |
| ▻◅ 闸阀 | ▬ 法兰管线 | ▬ 油管管线 |

图 3-1-6　页岩气八井试气平台二级节流测试流程连接示意图

（四）各流程附件安装、固定要求

1. 管汇台、油嘴套

管汇台的控制闸阀齐全，满足放喷、测试、气举、压井和回收泥浆的需要。

①安装位置根据设计要求和井场条件而定，宜安装在距井口 10m 以上。

②安装基础平整。

③连接井口至管汇台。

油、套压出口至管汇台采用油管丝扣连接或法兰管线连接（硬连接），确保其承压能力满足试油（气）设计要求；含硫油气井连接管线选用防硫材质。

④在管汇台出口装上油嘴套或针形阀，在超深井、重点井、高温高压井的管汇台安装安全阀和液动平板阀，连接紧密。

⑤用水泥基墩、地脚螺杆和卡板固定。

2. 水套炉、热交换器

水套炉或热交换器安装在管汇台（油嘴套）与分离器之间，基础平整，连接管汇台

（油嘴套）与水套炉或热交换器管线并在其进出口装上节流调节阀。用水泥基墩、地脚螺杆固定。

3. 分离器

①安装位置距井口不少于 30m。

②安装平稳；分离器应安装安全阀泄压管线至放喷口，安装排污管线至排污池，安装排油管线至回收液罐。

③连接管汇台（或水套炉或热交换器）与分离器管线，分离器管线连接低进高出，用水泥基墩、地脚螺杆固定分离器。

4. 临界速度流量计

流量计安装在分离器与放喷口之间，应将其安装在比较平直的测试管线上，测试管线长度应为 18~30m，临界速度流量计内孔板的安装应注意小进大出，不能反装。

流量计应安装上流、下流压力表和上流温度计，流量计下流平直管线内径不小于上流平直管线内径。针对施工井出液量较大的产层，建议在三相分离器一体化流量计的下流管线上加装一支临界速度流量计。

五　流程试压

试油气流程安装好后用试压泵或水泥车进行分段试压，试压介质为清水，试压压力根据设计和管汇台、水套炉、热交换器、分离器的压力级别进行逐级试压。试压按照设计要求执行。

（一）井口至管汇台

地面流程管汇、井口装置与测试管汇连接管线按管汇额定压力进行清水试压，试压稳压时间不少于 30min，密封部位无渗漏，压降小于 0.5MPa 为合格。泄压后再次紧固螺栓，然后进行低压试压 1.4~2.1MPa，稳压 15min，压降小于 0.5MPa 为合格。井口至一级节流管汇、一级节流管汇至二级节流管汇、二级节流管汇至三级节流管汇应按相连两者耐压级别低者的额定压力进行清水试压。

（二）放喷测试管线

放喷测试管线和最后一级节流管汇后的测试管线应试压至 10MPa，30min 压降小于 0.5MPa 为合格。

（三）分离器

按额定工作压力的 80% 试压，稳压 30min，压降小于 0.5MPa（SY/T 6581—2012《高压油气井测试工艺技术规程》）。

现场具体做法：EXPRO 进口三相分离器额定工作压力为 9.8MPa，通常安全阀开启压力

143

值为 8.5~9.0MPa，现场实际试压值为 8MPa。

国产 16MPa 两相分离器设计压力为 16MPa，工作压力为 14.5MPa，通常安全阀开启压力值为 15MPa，现场实际试压值为 14MPa。

（四）热交换器

热交换器至油嘴管汇管线：按热交换器额定工作压力试压，稳压 30min，压降小于 0.5MPa（SY/T 6581—2012《高压油气井测试工艺技术规程》）。

现场具体做法：针对进口 EXPRO 热交换器，现场实际试压操作与 SY/T 6581—2012 要求一致（一般只对热交换器至油嘴管汇管线试压），由于通常设计要求热交换器按照额定工作压力的 100% 或者 80% 试压，不符合热交换器结构原理，热交换器上游和下游盘管压力级别不一致（上游盘管 5000psi，下游盘管 2000psi）且中间为一支针形阀控制无法做到完全隔断，因此现场实际只能对进出口管线试压至额定工作压力。

国产 45MPa 热交换器上游下游盘管压力级别一致，该分离器设计压力为 45MPa，最高工作压力为 40MPa，现场实际试压至最大工作压力的 80%，试压 32MPa。

六 油管柱准备

油管柱设计的安全系数应为：抗拉大于 1.8，抗外挤大于 1.25，抗内压大于 1.25。高温高压井及含硫化氢、二氧化碳井，应采用气密封特殊扣油管，下井管柱丝扣应涂专用丝扣密封脂。

①油管的规格、数量和钢级应满足工程设计要求，不同钢级和壁厚的油管不能混杂堆放。

②清洗油管管体及内外螺纹，检查油管有无弯曲、腐蚀、裂缝、孔洞和螺纹损坏。不合格油管标上明显记号并单独摆放，不准下入井内。暂时不下井的油管分开摆放。

③油管架应不少于三个支点，离地面高度大于或等于 300mm，油管 10 根一组并按照顺序进行编号，排放整齐，油管上严禁堆放重物和人员行走。

④下井油管应用油管规通过，油管规选用推荐见表 3-1-1。

表 3-1-1　油管规选用推荐

油管公称直径 /mm	油管外径 /mm	油管规直径 /mm	油管规长度 /mm
40	48.3	37	800~1200
50	60.3	47	
62	73.0	59	
76	88.9	73	
88	101.6	85	

⑤丈量油管使用 10m 以上的钢卷尺，丈量三次，累计复核误差每 1000m 应小于或等于 0.2m；用油漆将长度和编号写在油管上并做好记录；并在油管记录本上记录所有数据。

第二节　开工验收

　　施工现场在满足试气设计、相关规程规范、制度、管理规定等条件后，依次进行队级、公司级、工程公司开工前检查、验收，对不符合项记录、整改，对不能立即整改的，及时采取防范措施。向业主方提出开工验收申请，业主方开工验收合格后正式进入施工阶段。以常规井修井机配合试油（气）工程开工验收书为例，如图 3-2-1 所示。

构　　　造：_____

井　　　号：_____

施工队伍：_____

检查单位：_____

常规井修井机配合试油（气）
工程开工验收书

XX 石油工程有限公司井下作业分公司

验收时间：_____年____月____日

图 3-2-1　开工验收封面

一 验收书格式及项目

（一）配合试气设备

①底座基础：底座基础符合说明书要求，基础应平整、坚固，无裂纹。

②井架与 Y 形支腿：井架各部拉筋、附件，连接销无变形、无裂缝、无开焊、规格齐全，紧固，穿齐保险销。

支腿，无裂缝、无开焊、无变形、支腿与基础接触无悬空。各部梯子、扶手、栏杆，齐全、紧固、完好。天车、游车井口，在同一垂直线上。二层台，栏杆完好，牢固，安全销固定牢靠，绷绳受力均匀。逃生装置，钻台和二层台上逃生装置安装正确、完好，人员通道畅通无遮挡，缓冲垫设置符合要求。避雷装置，井架按规范安装避雷针，有接地电阻检测记录。

③绳索部分：绷绳规格，使用 $\phi16mm$ 以上的钢丝绳，无打结、锈蚀、夹扁等缺陷。绷绳安装，绷绳与地面夹角为 40°~45°，各绷绳受力均匀；绷绳用花篮螺栓或紧绳器调整松紧；绷绳的每端使用与绷绳相匹配的绳卡，不少于 3 个，每个绳卡之间距离为绳卡直径的 6~8 倍，绳卡的开口方向均朝向绷绳受力侧方向；修井机 4 个绷绳以井口为中心，左右误差≤1m。液压大钳尾绳，钢丝绳的直径不小于 19mm，两端用 3 个绳卡固定牢靠，尾桩固定牢靠，长度合适。大绳活端，穿齐防跳槽螺栓，压板并帽齐全，防滑卡 2 个，断丝少于 6 丝；方向正确，在固定器上绕 3 圈。大绳死端，防滑卡 5 个，方向正确，固定牢靠。提升钢丝绳，根据所用设备按标准配备提升钢丝绳，要求无打结、锈蚀、夹扁等缺陷，每捻断丝少于 6 丝。

④传动部分：绞车，绞车排绳整齐，无跳槽；过卷阀调试灵敏可靠。转盘，（旋转平面）转盘中心与井口中心水平，距离偏差应小于 10mm。刹车系统，无垫物、油污，操作灵敏，机械刹把有定期探伤记录。防碰天车，符合说明书要求，灵敏可靠，有调试记录。变矩器、液压油符合要求，无变质。传动轴，连接部位牢靠，护罩齐全，润滑油无变质现象，不能有渗漏。

⑤仪表部分：仪表固定，有减震和避震措施。气控液控管线，排列整齐，标志清晰，固定牢靠，无老化破损现象，无渗漏。所有仪表，安装位置正确；灵敏、可靠；压力等级应与之匹配；有校验合格证并在有效期内。

⑥循环系统：循环部分，高压部分进行刚性固定，无渗漏。循环罐，罐面平整无孔洞，有防雨措施，罐群既能单独使用，又能合并使用；四周护栏齐全完好，固定牢靠，上下罐梯子扶手完好，通道无缺损；修井液回收管线出口应与储液罐连接并固定牢靠，拐弯处应使用钢制弯头。循环搅拌器，每个罐不少于 2 个，润滑油无变质现象。固控设备，性能完好、满足设计要求，无渗漏。液面监测仪运转正常，灵敏可靠。液气分离器，管线采用钢圈连接，有注册信息及定期检测探伤报告。

⑦动力设备：柴油机，滤芯清洁无漏油，按时按质保养；燃油箱内外清洁，加油口有

过滤装置。运转正常无异响，仪表示值准确，接地装置按规范安装并定期检测记录。水冷式要保证冷却液清洁，足够；冷却箱干净无油污，风扇防护罩完好；风冷式保证进风口无杂物，风扇防护罩完好。有阻火装置。空气压缩机，滤芯清洁无漏油，按时按质保养；安全阀经专业资质机构检测调校，有检测报告。所有管路清洁、畅通、无渗漏。运转正常无异响，仪表示值准确，接地装置按规范安装并定期检测记录。

⑧泵房：传动护罩，必须是全封闭式的，固定牢靠，完好，不挂碰。保险凡尔，出口管水平、固定牢固，保险销标准、灵敏，与当井泵压匹配，阀盖齐全，保险销可提供合格证。压力表，方向合适，表面清晰，读数准确，有定期校验记录。空气包，胶囊充氮气，其压力合适。闸门组，闸门手轮齐全、灵活，不刺不漏。有安装后试压合格记录。190 柴油机，有阻火装置及喷淋装置。

⑨提升系统：游车、大钩固定牢靠，滑轮转动灵活，安全销开关灵活，保险销可靠，有检测报告。吊环、吊卡，无损伤、变形，吊卡与试气管柱匹配，安全保险装置完好，开关灵活，插销固定牢靠，有定期的探伤记录。

⑩井口工具：钳尾绳，ϕ22mm 钢丝绳固定好，每端 3 个绳卡卡紧，无断丝。钳尾销，齐全、合格、紧固，有保险销。液压大钳，尾部连接可靠，有锁紧装置，安全活门调节灵敏，使用方便，管线无渗漏。吊卡、活门、弹簧、保险销灵活，手柄牢靠，穿销拴绳牢靠，有定期检测探伤记录。

⑪整机：整机试运转，设备安装完后，进行整机试运转，各部件工作正常；并有维修、运转、保养、调试记录；整机或关键部位检测报告在有效期内。

（二）泥浆循环系统、泥浆设备及材料

①循环罐：有效容积 ≥260m³，含搅拌机，搅拌机电机功率 ≥7.5kW。储备罐，满足设计泥浆量，含搅拌机，搅拌机电机功率 ≥15kW。加重装置及加重泵，加重装置 1 套；加重泵 2 台，单台功率 ≥75kW，使用正常，无滴漏。

②重浆管线：重浆进浆与放浆管线应分开设置，放浆管线内径 ≥200mm，设置 1 个出浆口。泥浆过渡管线及缓冲槽，缓冲槽容积 ≥1m³，高度 ≥0.4m。

③固控设备：高频振动筛 2 台，单台处理量 ≥10 L/s；除气器 1 台，单台处理量 ≥90 m³/h；除砂除泥一体机 1 台，单台处理量 ≥80 m³/h；离心机 1 台，单台处理量 ≥40 m³/h。

④泥浆测试设备：漏斗黏度计，1 套；密度计，1 套；六速旋转黏度计，1 台；API 滤失仪，1 套；高温高压滤失仪，1 套；黏附系数测定仪（压持式），1 套；固含仪，1 套；便携式滚子炉，1 台；破乳电压测定仪（油基体系），1 套；高速搅拌器，1 台；防爆加热电炉，1 台。

⑤钻井液材料：维护用钻井液材料种类符合设计要求，储备量满足设计要求，质量符合分公司标准或中石化标准。

⑥钻井液体积及性能：钻井液体积及性能满足设计及开工要求。按工程设计要求储备足够的加重材料。

⑦堵漏剂、除硫剂及其他材料：各类堵漏材料、除硫剂、缓蚀剂及其他材料满足设计

要求；标识明确，下垫上盖、防潮防护。

⑧储备重浆：密度按工程设计准备，体积按工程设计准备。储备重浆密度根据井浆的密度的变化进行调整，并正确标注。

（三）井控装置及井控管理

1.防喷器

①防喷器选择：执行工程设计和标准要求。

②检测报告：提供有检测资质单位的检测报告及设备档案。

③固定，防喷器组安装完毕后，应校正井口、转盘、天车中心，其偏差不大于10mm。用不小于ϕ16mm的钢丝绳在井架底座的对角线上将防喷器组缆紧固定，起下钻时不摇摆。

④开关性能：液压防喷器的液动开关正常，开关到位；手动系统转动灵活，开关到位。

⑤试压：按井控管理要求，执行工程设计，提供试压单。

⑥手动锁紧杆：安装符合规范要求，操作方便，标识有开关方向及圈数，并配备机械式计数器。手动锁紧杆与防喷器手动锁紧轴中心线的偏斜应不大于30°。靠手轮端应支撑牢固。

⑦手动锁紧操作台：高于地面2m应搭建操作台，搭建合理，防护得当，上下配备安全人梯。

钻井四通，用于"三高"气井的钻井四通不应超过7年，每口井必须用新的或没有放喷记录并检测合格的。钢圈槽、主侧通径等有维修记录的钻井四通不能在"三高"气井使用。

2.控制台

①远程控制台：距井口的距离大于25m，距防喷管线或压井管线的距离>1m，并在周围留有≥2m的人行通道，周围10m内不得堆放易燃、易爆、腐蚀物品。三位四通换向阀位置与控制对象的开关状态相符，并挂牌，开、关灵活，密封可靠。蓄能器压力继电器压力设置在规定范围内，环形压力在8.5~10.5MPa、管汇压力在10.5MPa±0.7MPa以内；电动及气动泵运转正常，无泄漏；泵的输出压力达到21MPa±0.7MPa时自动停泵，系统压力在18.5±0.3MPa以下时自动启动。油、气管线密封不渗、不漏。未打压时油面距箱顶面250~300mm，打压后下油标尺内油面高100~150mm。电源应从发电房或配电房用专线直接引出，用单独的开关控制，并贴上醒目标识。

②司钻控制台：安放位置、手柄位置、表压等正确，司钻控制台与远程控制台上的储能器压力误差不大于0.6MPa，管汇压力和环形压力误差不大于0.3MPa。司钻控制台和远程控制台均应设置"非岗位人员严禁操作"安全警示牌。

③节控箱：安放位置、手柄位置、表压及开度等正确，并标明工作量程；压力表校验有效，油量及油压符合使用说明，无渗油现象。70MPa节流控制箱的油压为2.6~3MPa，35MPa节流控制箱的油压为1.4~2.0MPa。节流阀开关位置调节到开度表全程的3/8~1/2。节流控制箱液压油使用10号航空液压油，油标尺内油面高30~50mm，油质应清洁不混浊。

3. 井控管汇

①井口闸门、节流、压井管汇试压：执行工程设计要求，提供试压单和探伤检测报告。

②管线连接与固定：使用法兰连接，禁止现场焊接；放喷管线每隔 10~15m、转弯处两头、出口处使用水泥基墩（0.8m×0.8m×1.0m）、地脚螺栓（直径≥20mm，长度>0.5m）。放喷管线不少于 3 条，两组放喷管线应平直走向，其夹角>90°接出，相距 0.3m 以上，并分别固定，接出井口 100m 以外安全地带，距各种设施不小于 50m。不允许活接头连接和在现场进行焊接连接。每隔 10~15m 及拐弯处应采用水泥基墩与地脚螺栓或地锚连接固定。放喷管线悬空处要支撑牢固。防喷管线长度若超过 7m 应固定牢固。两条管线走向一致时，管线之间相距 0.3m 以上，并分别固定，出口处采用双墩双卡固定，放喷口距最后一个固定基墩不超过 1m。基墩的预埋地脚螺栓直径不小于 20mm、长度大于 0.5m，固定压板宽100mm、厚 10mm。车辆跨越处装过桥盖板。压力等级、阀件组合形式和防腐要求与防喷器匹配，主通径≥103mm，节流管汇与四通平直连接。开关状态应与设计一致。出口接至钻井液罐或排污池，并固定牢靠，主通径≥103mm，转弯处弯角≥120°。确保有 3 种有效点火方式，点火装置合格，放喷前点"长明火"；含 H_2S 井须有电子点火装置。齐全、灵敏、量程满足要求，有控制闸门。检验，检验有效期不超过 6 个月，检验合格，有检验标识。手轮齐全、灵敏，开关状态正确，挂牌标识。井控关键部位挂"非岗位人员禁止操作"等安全警示牌。

（四）试气地面流程及工具

1. 井场布置

①井场的管理：井场实行全封闭管理，只允许进场大门一个通道进入；井场内各区域在明显位置应设置责任方管理牌，并用警戒带隔离作业区域。

②视频监控：井场内至少满足全景、放喷口的视频监控。

2. 流程结构及功能

①井口至管汇台，井口拐弯的悬空处底部宜支垫。管汇台距离井口不小于 10m。管汇台闸门组至井口至少有两条管线。

②管汇台：管汇台至放喷口至少有 2 条放喷通道。管汇台至少设置 2 个油嘴套或节流阀。以管汇台到施工井口两侧 10m 为边界，设定为高压危险区。

③流程管线：地面流程管线标注管线功用及流体走向。相邻管线的间距应不小于 10cm且相互平行，放喷、测试管线不得强行弯曲过大而承受弯曲应力。所有管线穿过井场道路时，管线处应设置承重过桥，承重量应不小于 300kN。

④流程功能：满足放喷、正反循环压井、回浆、气举等功能。

（五）HSE 管理

1. 门禁管理

入场教育、人员统计、入场安全防护措施。

2. 井场用电管理

①发电机：仪表齐全、准确、完好，发电房内铺绝缘胶皮，接地线牢固。

②应急发电机：仪表齐全、准确、完好，有单独的应急防爆电路，接地线牢固。

③配电箱：配电箱防雨通风、保持干燥，安装端正、牢固。配电箱前地面有绝缘保护，有足够的工作空间和通道。配电箱总开关装设漏电保护器，分闸距井口15m以外。

④接地线：接地线铺设合理，电阻小于4Ω。

⑤电路布置：分路、分输、集中控制于发电房或值班房，线路正规，具有保护装置或采用防爆电路。

⑥防爆要求：井场距井口30m以内的电气系统应符合防爆要求。

⑦照明供电：井场露天移动照明应使用低压照明和防爆灯具，井场照度应满足施工生产需要。

3. 井场设施安全距离

①与井口的距离：职工生活区距离井口应不小于100m；井场锅炉房、发电房、值班房、储油罐、测试分离器距离井口不小于30m；远程控制台应距井口不小于25m，并在周围保持2m以上的人行通道；排污池、火炬或燃烧筒出口距离井口应大于75m；高压节流管汇、低压泥浆分离器距井口应大于10m。

②与值班房的距离：值班房与锅炉房、储油罐、高压节流管汇、放喷排污池的距离应不小于30m。

③与储油罐的距离：储油罐与放喷排污池、锅炉房、发电房的距离应大于30m。

④与燃烧筒出口的距离：火炬或燃烧筒出口距森林应大于50m，上空20m半径范围内无高压电线或高空距离大于150m，且位于主导风向的下风侧。处在林区的井，井场周围应有防火隔离墙或隔离带，隔离带宽度不小于20m。

⑤特殊情况：特殊情况达不到安全距离时，应进行安全风险评估，并采取或增加相应的安全保障措施。

4. 消防管理

①消防工具，大修、带压、试油现场：配备35kg干粉灭火器2具、8kg干粉灭火器8具，消防锹4把，消防桶4只，消防钩2把，消防砂2方。小修现场：配备8kg干粉灭火器4具，消防锹2把，消防桶2只，消防钩2把。野营房区：按每40m²不少于1具4kg干粉灭火器进行配备。每半个月检查一次灭火器。

②器材管理：由专人挂牌管理，定期维护保养，不应挪为他用。

③防火演习：防火培训及演习，全员掌握灭火工具使用方法。

④消防房位置：位于合适位置，门朝井场，取用方便，门前无障碍物。

5. 应急措施

①应急处置方案：制订现场应急处置方案，措施得当，内容涵盖工程所涉及的井控、火灾爆炸、防洪防汛、环境污染等全部风险，按规定进行评审及备案。

②持证上岗：全员经过培训，取得有效合格证方可上岗，证件齐全。

③逃生装置：钻台、二层台逃生装置安装正确、牢靠、灵敏、完好。

④逃生路线：通畅无阻，施工人员熟悉逃生路线。

⑤风向标：风向标安装在井场四周及井场入口处。

⑥检测仪及报警器：井场至少配备 2 台便携式可燃气体检测仪，并配有 1 台手摇报警器。

6. 环境保护

①放喷池：放喷池不漏、不渗，保证污水不外溢，有效容量大于 600m³ 或达到设计要求，并应安装围栏及警示标识。

②污水池：污水池不漏、不渗，保证污水不外溢，有效容量大于 150m³ 或达到设计要求，并应安装围栏及警示标识。

③清水池：无水源井（井场附近无河流、水库）应在井场周围修建清水池或执行甲方指示，水池不垮、不漏、不外溢，四周围坝应高出地面 0.4m 以上，有效容量达到设计要求，并应安装围栏及警示标识。

④泥浆材料管理：井场泥浆材料的储存宜建简易仓库或使用爬犁堆放，平原及低洼井场的材料库房应下垫 30cm，材料应分类摆放整齐，禁止易燃、易爆材料与氧化剂或强碱类材料混放。

⑤排水沟和防洪沟：井场实施清污分流，机房、井架底座、循环系统周围和整个井场应挖排水沟，保证排水畅通，井场的污水应排入排污池。井场四周应修建防洪沟，将井场外部的雨水、洪水排出，防止进入井场。

⑥废弃物管理：外运能力满足施工要求；外运及处理应建立台账，实现闭环管理。

7. 安全管理

①作业票证管理：直接作业环节作业施工需办理相应作业许可证；许可证签批人需按规定审批，审批人、监护人等需持相应证件。

②应急管理：现场配备足够的防洪防汛应急储备物资并形成台账；现场制订各种工况应急预案，并进行相关应急演练，记录完整，有总结和讲评；现场编制有岗位应急处置卡。

③JSA：直接作业环节、重点工序作业前，必须进行 JSA 分析；JSA 分析施工步骤划分合理，流程图清晰，针对性强，参与分析人员齐全。

8. 其他

通信系统、营房、后勤、冬防保温。

（六）施工准备

1. 井下工具

①规格、型号符合设计要求，使用前应保养维护组装良好，试压检验合格。

②对到井场的井下工具、配件按设计要求进行检查验收，现场有专人负责检查和清点数量，并做好记录，妥善保管。

③对于含硫化氢气井，油管、井下工具及配件应为抗硫材质。

2. 试气油管

根据设计检查油管规格、规范、钢级、壁厚、数量，有无变形、弯曲、丝扣损伤等；并分类排列整齐、编号、丈量，并登记入册；含硫化氢气井应根据流体中硫化氢含量选择相应抗硫级别的油管。

3. 人员资质

① 井控操作证：现场施工人员应持有经主管部门批准的培训部门考核和颁发的"井控操作合格证"。

② H$_2$S 防护证：现场施工人员及相关管理人员均应接受硫化氢、二氧化硫、二氧化碳等有毒、有害气体的培训，并取得"H$_2$S 防护技术培训合格证"。

③ HSE 证：现场所有施工人员及相关管理人员应持有经主管部门授权批准的培训部门考核和颁发的"安全、环境与健康培训合格证"。

④ 特殊工种证：锅炉工、司钻、电（气）焊工、泵工等特殊工种应持证。

4. 队伍资质

具有中石化资质证、对应工区市场准入证。

5. 验收资料准备

施工组织方案、进度计划、自检报告、生产资料、工程设计、施工设计、井控资料等。

（七）整改通知单

_____井试油（气）工程开工验收整改要求

整改要求：1. 第 ×× ×× 条限期于 ×× ×× 前整改完毕。

_____

_____

_____

_____

_____

_____

_____

2. 其他

请将整改结果书面反馈验收组，经同意后开展下一步开工验收。

被验收方人员签字：

验收方人员签字：

验收时间：　　　年　　　月　　　日

第三节 井筒准备

一 通井

用规定外径和长度的柱状规下井直接检查套管内径和深度的作业施工，称为套管通井，简称通井。

（一）目的

通井的主要目的是用通井规来检验井筒是否畅通，为射孔、测试、钻灰塞、下封隔器等大直径工具做准备工作。主要可归纳为以下几个目的：一是清除套管内壁上黏附的固体物质，如结蜡、水垢、钢渣、毛刺、固井残留的水泥等；二是检查套管通径及变形、破损情况；三是核实人工井底是否符合试油气要求。如图 3-3-1 所示。

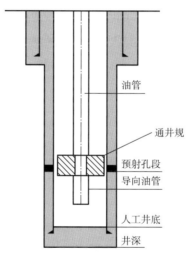

油管
通井规
预射孔段
导向油管
人工井底
井深

图 3-3-1　通井示意图

（二）通井规选择

根据套管内径选择通井规，通井规外径应小于套管内径 6~8mm，其大端有效长度不小于 500mm，通井规长度和外径尺寸可根据特殊工况及后续作业要求而做调整（具体执行设计要求）。常规通井规的主要技术参数见表 3-3-1。

表 3-3-1　常规通井规的主要技术参数

套管规格	mm	114.30	127.00	139.70	177.80	193.7	244.5
	in	4½	5	5½	7	7⅝	9⅝
通井规外径 mm		92~95	102~107	114~118	144~158	160~166	212~216

（三）技术要求

①根据设计管柱结构下入管柱，直井：通井规接在下井第一根油管底部；水平井：先下入一根公扣处带接箍的油管（导向油管），再下入通井规，再持续下入其余油管。

②通井时平稳操作，管柱下放速度≤20m/min，接近回接筒、造斜点及设计井深时，下放速度≤5m/min（对已揭开产层的井，在通过射孔井段时，速度≤5m/min）。

③通井遇阻时，悬重下降控制不超过 20~30kN，严禁猛顿、硬压，待采取措施后再进行通井，否则应起出通井规检查，找出原因。

④当通到人工井底悬重下降 10~20kN 时，检验两次，使测得人工井底深度误差小于 0.5m。

⑤通井到底，充分循环调整好压井液性能（检测油气上窜情况），保证下一步安全作业。

⑥条件允许时可通井、刮管联作（刮削器位于通井规下部，间隔 1 根管柱），同时下井，一次性完成通井和刮削。

⑦水平井、斜井通井要求：通井规下至 45° 拐弯处时，下放速度要小于 20m/min，并采取下 1 根—提 1 根—下 1 根的方法，若上提时遇阻且负荷超过 50kN，应停止作业；通至井底加压不超过 30kN，上提 2m 以上，充分反循环洗井；起通井管柱时，纯起管速度为 10m/min，最大负荷不超过安全负荷，否则停止作业；起出通井规，要详细检查，并进行描述，做好记录。

⑧裸眼井通井要求：通井时，管柱下放速度小于 30m/min，通井至套管鞋以上 100m 左右时，要减慢下放速度；通井至套管鞋以上 10~15m；起出通井规后，要详细检查，并进行描述，做好记录；如用光油管（或钻杆）通井应通至人工井底，上提 2m 以上，彻底洗井，然后起出光油管（或钻杆）。

（四）安全注意事项

①作业时必须安装经过校验合格、符合要求的指重表（或拉力计）及井控装置。要随时检查井架绷绳、地锚等地面设备的变化情况。若发生异常，应停止作业并及时处理。

②在管材扣好吊卡时，应在吊卡双侧插入锁销，方可上提、下放管材，防止跑管或单吊环起吊管柱等事故发生。

③下通井管柱时，管柱连接螺纹应按标准扭矩上紧、上平，防止管柱出现脱扣，造成落井事故。

④对射开油（气）层的井，通井时要做好防井喷工作。

⑤通井结束后，通井规不得长时间停留在井内，更不允许进行冲砂等工序施工。

⑥含硫化氢井，通井管柱材质应具有抗硫性能。

⑦做好防井口落物措施。

二 刮管

套管刮削的目的就是清除套管内的水泥块、硬化钻井液、结蜡、积砂、水垢、毛刺等，为射孔、测试、下封隔器、延长生产井生产时间创造条件。

（一）刮削器

套管刮削器装配完成后，刀片、刀板自由伸出外径比所刮削套管内径大 2~5mm。下井时，刀片向内收拢压缩胶筒或弹簧筒体，此时最大外径则小于套管内径，可以顺利入井。入井后，在胶筒或弹簧的弹力作用下，刀片、刀板紧贴套管内壁下行，对套管内壁进行刮削。每一次往复动作，都对套管内壁切刮一次，这样往复数次，即可达到刮削套管的目的，如图 3-3-2 所示。

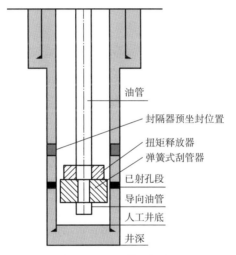

图 3-3-2 刮管示意图

右侧标注：油管、封隔器预坐封位置、扭矩释放器、弹簧式刮管器、已射孔段、导向油管、人工井底、井深

根据结构，套管刮削器包括防脱式、胶筒式和弹簧式三种，目前常用弹簧式，主要技术参数见表 3-3-2。

表 3-3-2 弹簧式刮削器主要技术参数

序号	刮削器型号	外形尺寸 mm×mm	接头连接螺纹		适用套管规格	
			钻杆	油管	mm	in
1	GX-T114	$\phi112\times1119$	NC26	2⅜″ TBG	114.30	4½
2	GX-T127	$\phi119\times1340$	NC26	2⅜″ TBG	127.00	5
3	GX-T140	$\phi129\times1443$	NC31	2⅞″ TBG	139.70	5½
4	GX-T178	$\phi166\times1604$	3½″ REG	3½″ TBG	177.80	7

（二）技术要求

①根据设计管柱结构下入管柱，一般套管刮削器连接在管柱底部，条件允许时，刮削

器下端可连接尾管增加入井时的重量，以便压缩收拢刀片、刀板。

②下管柱速度控制为≤30m/min，下到距离设计刮削井段前50m左右，下入速度控制为≤10m/min。

③若刮削遇阻，当悬重下降20~30kN时，应停止下管柱，接洗井管汇开泵循环，边顺螺纹紧扣方向旋转边下放管柱，反复刮削直到管柱悬重恢复正常为止，再继续下管柱。

④接近刮削井段并开泵循环正常后，边缓慢顺螺纹紧扣方向旋转管柱边缓慢下放至设计刮削深度，然后再上提管柱反复多次（3~5次）刮削，直到下放悬重恢复正常为止。刮削套管作业达到设计要求，井下套管内通径畅通无阻。

⑤刮削器作业完毕后充分循环洗井，将刮削下来的杂质洗出地面。

⑥条件允许时可通井、刮管联作（刮削器位于通井规下部，间隔1根管柱），同时下井，一次性完成通井和刮削。

（三）安全注意事项

①作业时必须安装经过校验、符合要求的指重表（或拉力计）及井控装置。要随时检查井架绷绳、地锚等地面设备的变化情况。若发生异常，应停止作业并及时处理。

②在管柱扣好吊卡时，应在吊卡双侧插入锁销，方可上提、下放管柱，防止跑管或单吊环起吊管柱等事故发生。

③下刮管管柱时，管柱连接螺纹应按标准扭矩上紧、上平，防止管柱出现脱扣，造成落井事故。

④在进行套管刮削时，要防止刮削器顺着刀片的方向旋转卸扣，严禁用带刮削器的管柱冲砂。

⑤对射开油（气）层的井，刮管时要做好防井喷工作。

⑥含硫化氢井，刮削管柱材质应具有抗硫性能。

⑦做好防井口落物措施。

三　探砂面、冲砂

油气井生产过程中，地层砂或压裂砂进入井筒，如果井内的流体不能将全部出砂都带出地面，就会使井内砂粒沉没度逐渐增加，砂柱增高以至于堵塞产油气通道或砂埋产层，导致减产甚至停产，同时还会造成井下砂卡事故。因此，必须采取措施探得砂面后清除积砂。

（一）技术要求

1. 探砂面

探砂面是下入管柱实探井内砂面深度的施工，通过实探井内砂面深度，可以为下一步下入其他管柱提供参考依据，也可以通过实探砂面深度了解地层出砂情况，如果井内砂面过高，掩埋生产层或影响下步下入其他管柱，就需要冲砂施工。

①按设计要求组下探砂面管柱。

②当探砂面管柱下至预计砂面顶界 30m 时，下放速度 ≤5m/min，以悬重下降 10~20kN 时连探两次，确定砂面位置。2000m 以内的井深误差小于或等于 0.3m，大于 2000m 的井深误差小于或等于 0.5m，并记录砂面位置。

2. 冲砂

冲砂是向井内注入高速流体，靠液流作用将井底沉砂冲散，利用液流循环上返的携带能力将冲散的砂子带到地面的施工。

①冲砂方式主要有三种，即正冲砂、反冲砂和正反冲砂：

a. 正冲砂：冲砂液由油管泵入井内，在流出冲砂管柱底部时产生较高的流速冲散砂堵，被冲散的泥砂与冲砂液混合沿着冲砂管与套部的环形空间返回地面。为防止冲砂过程中笔尖及底部油管砂堵通常采用防堵笔尖，采用这种笔尖可防止冲砂前冲砂管下放过快或冲砂接换单根时冲动的砂粒回落堵塞底部油管。冲砂时，由于冲砂管直径较小，冲刺力大，因而易于冲散砂堵。但环空截面积比冲砂管截面积大，因而正冲砂时冲洗液上返速度慢，携砂能力差，大颗粒砂不易带出。为了提高携砂能力，就必须加大泵的排量，这样就得增大设备能力。

b. 反冲砂：液体从套管与冲砂管的环形空间进入，而被冲起的泥砂与冲砂液混合后沿冲砂管内部上返至地面。当套管直径较大、正冲砂液上返速度不够时，可采用反冲砂的办法将砂粒冲洗干净。消除了冲砂过程中卡钻的可能性，其缺点是液体下行时速度较低，冲刺力不大，且易堵塞冲砂管柱。

c. 正反冲砂：采用正冲的方式冲散砂堵，并使其呈悬浮状态，然后迅速改用反冲洗将砂子带到地面的冲砂方式，这样就提高了冲砂效率。

②冲砂的工作液有多种，需根据井下的油气层物性来选择，进行冲砂时所采用的液体就是冲砂液。通用的冲砂液有原油、污水、清水乳化液、泡沫液、钻井液等。为了防止污染油层，在冲砂液中可以加入表面活性剂。一般油井用原油或清水作冲砂液，水井用清水或盐水作冲砂液，低压井用混合气水作冲砂液。为了完成油层漏失严重井的冲砂任务，现场往往在清水中加入适量泡沫剂，使用氮气车和水泥车共同完成冲砂工作。因此，冲砂液的选择应根据油井的具体情况而定，一般对冲砂液有如下要求：

a. 具有一定黏度，以保证有良好的携砂性能；

b. 具有一定密度，以便形成适当的液柱压力，防止井喷和漏失；

c. 与油气层配伍性好，性能稳定能保护油气层的渗透性，对油气层损害要小；

d. 洗井（或冲砂）时，由于液柱压力作用，洗井液（冲砂液）可能进入地层，所以要使洗井液（冲砂液）易于排出，来源广、经济适用。

③漏失井冲砂，对于一些地层压力低的井，由于液柱压力过大而产生严重的漏失，不仅伤害油层，还会导致无法进行正常的循环，为此，漏失井冲砂常采用在冲砂液中加入暂堵剂等化学药剂的方式进行冲砂，对漏失严重的井常采用气化液冲砂和泡沫冲砂、大排量

联泵冲砂、连续油管冲砂等方式进行冲砂施工。

a. 气化液冲砂和泡沫冲砂：当在油层压力低或漏失的井进行冲砂时，常规冲砂液无法将冲散的砂子循环带到地面，而需采用由泵出的冲砂液和氮气混合而成的混合液进行施工的冲砂方式。气化液中的液体可采用原油或清水，气化液冲砂的实质在于降低冲砂液的密度，从而降低液柱对井底产生的回压，以减少或防止地层漏失，防止油层污染。

对于漏失特别严重的井冲砂，可在气化水冲砂的基础上，向水中加入泡沫剂进行泡沫冲砂，以达到更好地降低气化液密度、减少漏失、提高返出效果、保证冲砂质量的目的。

b. 大排量联泵冲砂：在油层压力低或漏失严重的井进行冲砂施工时，将两台以上的泵联用进行施工的冲砂方式称为大排量联泵冲砂。

c. 连续油管冲砂：对于低压低产气井、漏失严重的油气井以及出砂严重的油气井，为了减少对储层的伤害，节省作业时间，降低卡钻风险，达到清砂的目的，常常采用连续冲砂工艺技术。特别是采用连续油管冲砂，可对油套同采分层采气水平井等特殊工艺井在不起生产管柱的情况下进行施工。采用连续油管在不压井的情况下可对气井进行冲砂作业；也可采用连续油管正注冲砂介质，由生产管柱和连续油管环空返排胶液，采用冲砂液与液氮交替进行冲砂作业。

④常规井冲砂操作程序：

a. 探得砂面深度后上提管柱至砂面以上 3~8m，开泵循环洗井，观察水泥车压力表及排量的变化情况。

b. 返出正常后缓慢加深管柱，同时用水泥车向井内泵入冲砂液，如有进尺，则以 0.5m/min 的速度缓慢均匀加深管柱。

c. 冲砂时要尽量提高排量，保证把冲起的沉砂带到地面。

d. 当冲砂管全部入井内后，循环洗井 15min 以上，控制换单根时间在 3min 以内。

e. 把活接头用管钳上在下井的油管单根上，水泥车停泵后提出连接水龙头的油管卸下，接着下入一单根油管。连接带有水龙头的油管，提起 1~2m，开泵循环，待出口排量正常后，缓慢下放管柱冲砂。

f. 按上述要求重复接单根冲砂，连续加深 5 根油管后，必须循环洗井 1 周以上再继续冲砂到设计要求深度。

g. 冲砂至人工井底或设计要求深度后，上提管柱 1~2m，大排量充分循环洗井，一般要冲洗井筒 2 周，当出口含砂量小于 0.2% 时，冲砂结束。

h. 上提管柱至原砂面 20m 以上，静置沉砂 4h，下放油管复探砂面，判断冲砂是否符合要求。

⑤其他技术要求：

a. 在 ϕ139.7mm 以上套管，可采取正反冲砂的方式，并配以大排量（排量大小视实际效果确定）。改反冲砂前正洗不少于 30min，再将管柱上提 6~8m，反循环正常后方可下放。

b. 要有专人观察冲砂出口返出情况，若发现出口不能正常返液，应立即停止冲砂施工，迅速上提管柱至原砂面以上 30m（如果是在组合套管内冲砂，在确保上提原砂面以上 30m

的前提下，还要保证上提到悬挂器位置 10m 以上），并反复活动管柱。

c. 冲砂施工中途若提升设备出现故障，必须进行彻底循环洗井。若水泥车或氮气车出现故障，应迅速上提管柱至原砂面以上 30m（如果是在组合套管内冲砂，在确保上提原砂面以上 30m 的前提下，还要保证上提到悬挂器位置 10m 以上），并反复活动管柱。

d. 冲砂施工需有沉砂池，进、出口罐分开，防止将冲出的砂又循环带入井内。井口操作人员、提升设备操作人员、泵车操作人员要密切配合，根据泵压、出口排量来控制下放速度，要缓慢下放，钻压小于 10kN，以免造成砂堵或憋泵。

e. 因管柱下放快造成憋泵，应立即上提管柱待泵压和出口排量正常以后方可继续加深管柱冲砂。

f. 应注意冲砂工具的选择，水平井冲砂工具与直井冲砂工具不同。

g. 大斜度井水平井冲砂前端安装带扶正器的旋转喷头。在冲砂过程中要求间歇性上下或旋转活动管柱。

（二）安全注意事项

①常规冲砂施工必须在压稳井的情况下进行。

②禁止使用带封隔器、通井规等大直径的管柱冲砂。

③冲砂弯头及水龙带系有安全绳，防止落物而意外发生伤人事故。

④高压自喷井冲砂要控制出口排量，应保持与进口排量平衡，防止井喷。

四 洗井

当井筒内存在因清洁井壁（通井、刮管等作业）产生的水泥、硬蜡、泥饼、盐垢及铁屑等杂质后，需通过洗井的方式带出杂质。

（一）技术要求

1. 洗井方式

正洗井：洗井液从油管泵入，从油套环形空间返出；

反洗井：洗井液从油套管环形空间泵入，从油管返出。

2. 洗井液性能要求

①洗井液与油水层产出液应具有良好的配伍性。

②洗井液不能使地层黏土矿物发生膨胀。

③低压漏失地层应加入增黏剂和暂堵剂，或采取混气等手段降低洗井液密度。

④洗井液的相对密度、黏度、pH 值和添加剂性能符合施工设计要求。

⑤洗井液储备量为井筒容积的 2 倍以上。

3. 洗井操作程序

①根据设计要求，采用正洗井、反洗井或正、反洗井交替方式进行。

②连接进出口流程管线，试压至设计施工泵压的 1.5 倍，不刺、不漏为合格。

③洗井开泵时应注意观察泵注压力变化，控制排量由小至大，同时注意出口返出液情况。若正常洗井，将 $\phi139.7mm$ 套管井排量控制在 400~500L/min，注水井洗井排量可增至 580L/min，高压油气井的出口喷量控制在 500L/min 以内。将 $\phi177.8mm$ 以上套管井排量大于或等于 700L/min。

④洗井液用量不得小于井筒容积的 2 倍，连续循环两周以上，达到进出口液性一致，机械杂质含量小于 0.02% 为合格。

（二）安全注意事项

①施工泵压不能超过井控装置额定工作压力、套管最低抗内压强度的 80% 和裸露地层破裂压力三者中的最小值。

②洗井过程中，随时观察并记录泵压、排量、出口量及漏失量等数据。泵压升高，洗井不通时，应停泵及时分析原因进行处理，不应强行憋泵。

③严重漏失井采取有效堵漏措施后，再进行洗井施工。

④出砂井优先采用反循环洗井法，保持不喷不漏、平衡洗井。若正循环洗井时，应正常活动管柱，防止砂卡。

⑤洗井施工中加深或上提管柱前，洗井液循环一周以上方可动管柱。

⑥洗井深度和作业效果应符合施工设计的要求。

⑦最大限度地减少洗井液向地层漏失，以减少对地层的污染和伤害。

五 井口试压

为确保井口装置各附件处于密封状态，连接的螺杆、丝扣能够承受井内高压状态，在井口装置安装完成后需要对井口密封部位进行试压。

（一）技术要求

①试压作业前，试压需求单位提前向试压作业单位提出试压需求；试压作业单位根据现场井口设备配备情况，组织设备、人员按时到达施工现场，组织相关人员进行安全、技术交底并做好记录。

②全面检查现场井口装置安装情况，确保试压设备、工具、仪器仪表完好，电源稳定，试压介质（包括常规清水、加防冻液清水、液压油等）满足要求。

③所有的高压试压作业前，应先进行 1.4~2.1MPa 的低压试验，合格后，再逐步增加试压压力，直至试压至设计压力（试压值及试压规则执行设计要求）。

④套管头主密封试压值原则上按套管抗外挤强度的 80% 与套管头相应额定工作压力两者的最小值，若有条件套管内打背压可试至额定工作压力。副密封试压采用注塑泵对套管头各副密封处注密封脂，按使用说明书要求对各连接处、密封处试压，检查套管悬挂器密

封性能，注脂压力和试验压力应为芯轴悬挂器抗外挤强度的 80%（卡瓦悬挂式套管头为套管抗外挤强度的 80%）与套管头相应额定工作压力两者的最小值。

⑤采气树主、副密封试压值原则上取采气树下法兰、油管头上法兰、油管悬挂器额定工作压力三者的最小值。

⑥每个试压项目要有试压曲线、记录过程、试压结果等信息，由试压施工人员填写，现场监督、技术员等各相关方签字确认。

（二）安全注意事项

①试压设备施工压力高于受检测设备的额定工作压力，有安全泄压装置，按要求检测合格。压力测量装置应有压力表和压力传感器，压力表满量程准确度等级应至少为 1.5 级，压力传感器满量程准确度等级应至少为 0.5 级。压力表表面直径至少为 100mm（4in）。压力应在压力表满量程的 25%~75% 进行测量。压力表应垂直安装于易于观察的地方，一般应安装双表。

②试压作业人员经培训合格后上岗，穿戴好劳动防护用品，方可进入作业区域进行相应的作业。

③试压作业前进行技术交底和 JSA 分析，开具作业许可票。

④试压设备用电办理临时用电许可票。

⑤划分试压作业风险区，设置警示牌和安全隔离带。试压设备有专人看管，负责试压设备的操作。

⑥试压作业风险区严禁进行其他交叉作业，试压作业期间应有安全监护人员，非作业人员撤离至井口 10m 以上安全区域。

⑦试压前应对管线进行通水试验，并排出管线内的空气，避免压力波动影响试压结果。

⑧试压前正确连接所有控制管线，确认各闸阀、开关处于试压要求的状态，试压通道保持畅通。

⑨在试压过程中，如发现法兰或焊缝有渗漏现象，严禁带压拧紧螺栓和补焊，应先泄压至零，再进行修复、紧固，整改完成后，应重新试压。

⑩稳压期间，检查受压设备和管道的法兰、盲板、压力表时，禁止站在法兰、盲板的对面。

⑪试压用水、排水满足环保要求。

⑫一组试压完成后，应先泄压为零后，再进行下一组试压闸阀的开、关操作，不允许带压进行开、关闸阀操作。

⑬冬季试压为防止管线冰堵，应有防冻措施，试压完毕应放净易冻管线内的液体介质。

⑭试压结束后，应及时泄压，确认试压管线的内部压力泄压为零，并将各闸阀恢复到正常工作状态，泄压时应做好安全措施。

⑮试压完成后，需要再次对连接螺栓进行检查紧固。

第四节 常规试油（气）

一 射孔

（一）目的

射孔是在油气井固完井后，根据油田开发方案的设计要求，重新打开目的层，沟通油气层与套管内腔的一项工程技术。就是把专门的井下射孔器下放至油层套管内预定的深度引爆，射孔弹爆炸后产生的高能金属粒子流射穿套管、管外水泥环，并穿进地层一定深度，打开油（气、水）层与井内通道的一种工艺。

射孔的目的是建立地层与井眼的流通孔道，促使地层流体进入井内，便于进行试油测试，从而取得所需资料。正确地选择射孔方式和射孔参数，可以简化试油工艺，缩短试油周期，提高试油速度，提高地层产液能力并保护好油气层。

（二）方式

①电缆传输射孔、油管传输射孔、过油管射孔、喷砂射孔。

②射孔的特殊工艺：定向射孔、深穿透射孔、聚能弹射孔、高能气体压裂制造高速流体射孔。

③按井内液柱压力可分为正压射孔和负压射孔。

（三）射孔管柱的结构与原理

通常使用的射孔为油管传输射孔，以下介绍此类型的射孔。

1. 组下射孔管串

①按设计要求组下射孔管串，单层带射孔枪的定位管柱结构（自下而上）：射孔枪 + 起爆器 + 筛管（2~3m） + 保护油管（50m±） + 定位短节（2~3m） + 油管，管柱底深在射孔顶界附近。

②多层射孔的定位管柱结构以射孔设计要求为准。

2. 校深

射孔队按规范测自然伽马、磁性接箍定位曲线，根据曲线确定定位短节顶或底的准确深度；若定位结果管柱伸长量或缩短量太大，必须反复检查、核对定位数据和油管数据。原则上管柱在1500m以内伸长量小于0.5m，1500~2500m小于1.0m，2500~3500m小于2.0m。

3. 调整管柱

①根据定位结果计算应加入的油管短节长度。

②根据计算数据，找到对应尺寸、钢级、壁厚和长度的调整短节，调整长度尽量达到

设计射孔要求（允许误差在 0.2m 以内）。

（四）技术要求

①下井油管螺纹应清洁，连接前应均匀涂密封脂。密封脂应涂抹在油管外螺纹上。

②螺纹需引扣 3~5 扣，再用液压钳上紧，同时监控扭矩仪数据。

③在下射孔枪时要严格执行值班带班制度，根据技术员提供的数据监控组下管串，严格执行下油管技术规范和射孔队提供的下枪技术要求，如遇问题立即向技术员汇报。

④下油管时做好井口遮盖措施，严防井内落物。

⑤对入井油管、短节进行逐根通径检查；滑扣、弯曲、变形的油管严禁入井。

⑥射孔后需要时提出射孔管柱，检查射孔弹发射率，若发射率低于 95% 要补射。

（五）安全注意事项

①试气队应做好针对射孔的组织方案、应急预案、应急演练、准备充分的放喷排液备用材料、做好详细的人员分工安排、提前落实污水拉运和点火相关告知。

②起下管柱过程中，保证井筒内压井液常满。

三 组下管柱

（一）丈量油管

①每次下管柱前，必须丈量油管。丈量油管前首先对油管进行编号。

②用钢卷尺丈量油管时，必须由三人同时进行。一人拉尺的开端，一人拉尺的盒端，一人做记录。油管丈量的原则是除去外螺纹部分的长度，千米误差小于 0.2m。尺身要拉直，精确度到小数点后二位。

③丈量油管时，钢卷尺的开端零线对准油管接箍端面，尺盒端对准油管外螺纹丝扣消失端的刻度线，即为丈量的长度，报记录员记录。每丈量 10~20 根油管后对所丈量过的油管抽取 2~3 根进行复核丈量。

（二）计算管柱完成深度

①计算方法：管柱完成深度（m）= 油补距（m）（套管头至补心距 − 套管四通高度 − 法兰短节长度）+ 油管悬挂器（m）+ 油管长度（m）+ 下井工具长度（m）。

②计算工具深度：封隔器卡点深度以中胶筒中部为准，射孔枪装弹与射孔以上下边界为准界，其他工具以下端面为准。

（三）三联作管柱

管柱结构为（自上而下）：油管悬挂器 + 双公变丝 + 调整短节及油管（倒角）+ 伸缩短

节 + 定位短节 + 油管 +RDS 安全循环阀 + 压力计托筒 + 震击器 + 旁通阀 +RD 循环阀 +RTTS 安全接头 +RTTS 封隔器 + 油管 + 减震器 + 油管 + 筛管 + 压力起爆器 + 射孔枪 + 压力起爆器 + 筛管 + 枪尾。

（四）二联作管柱

管柱结构为（自上而下）：油管悬挂器 + 双公变丝 + 调整短节及油管（倒角）+RDS 安全循环阀 + 压力计托筒 + 震击器 + 旁通阀 +RD 循环阀 + 替液阀 +RTTS 安全接头 +RTTS 封隔器 + 油管带喇叭口。

（五）水平井及斜井压裂管柱

管柱结构为（自上而下）：油管悬挂器 + 双公变丝 + 油管及油管短节（倒角）+ 安全接头 + 油管及油管短节（倒角）+ 水力锚 +3# 压裂滑套 + 接球座 + 油管及油管短节（倒角）+ 扶正器 + 水力锚 +3# 封隔器 + 扶正器 + 油管和油管短节（倒角）+2# 压裂滑套 + 接球座 + 油管及油管短节（倒角）+ 扶正器 + 水力锚 +2# 封隔器 + 扶正器 + 油管和油管短节（倒角）+ 1# 压裂滑套 + 接球座 + 油管及油管短节（倒角）+ 扶正器 + 水力锚 +1# 封隔器 + 扶正器 + 油管和油管短节（倒角）+ 喷砂器 + 接球座 + 油管及油管短节（倒角）+ 引鞋。

三 替喷

（一）替喷方式

根据井况，可选择正替喷、反替喷、一次替喷或二次替喷等方式。
①正替喷适用于地层压力系数小于等于 1.0 的井。
②反替喷适用于地层压力系数大于 1.0 的井。
③根据完井方式，能够满足一次替喷方式的井，可选用一次替喷：管柱深度应在生产井段以上 10~15m。
④若一次替喷不能满足施工要求的井，可选用二次替喷：采用二次替喷方式时，先将管柱下至生产井段以下（或人工井底以上 1~2m），替入工作液；然后，将管柱调整至生产井段以上 10~15m，再进行二次替喷。

（二）技术要求

①按施工设计要求，备足替喷液，一般不少于井筒容积的 2 倍。
②出口应安装闸阀、节流阀和油嘴控制出口排量。
③管线连接后，进行试压，试压值不低于最高设计施工压力的 1.5 倍，但不应高于其某一管件的额定工作压力，并应遵守静水压试验的规定。
④施工泵压不能超过井控装置额定工作压力、套管最低抗内压强度的 80% 和裸露地层

破裂压力三者中的最小值。

⑤替喷液按 0.3~0.5m³/min 的排量注入井口，出口应控制放喷，使进出口排量一致。

（三）安全注意事项

①含硫井作业，应安装排风扇，佩戴便携式硫化氢监测仪，发现硫化氢泄漏，及时佩戴正压式空气呼吸器。

②作业前应组织施工人员及相关配合方进行现场安全技术交底，了解施工作业要求及注意事项，防止人身伤害及设备毁坏事故。

③含硫井替喷前井口应接好压井管线，准备不小于井筒容积 2 倍的压井液；压井液应添加缓蚀剂和除硫剂，压井管线应按设计要求试压合格。

④替喷过程中若产出天然气，及时引至放喷口点火燃烧。

⑤施工过程中严禁作业人员进入高压区，防止人身伤害。

⑥返排出的液体及时回收，加强储液罐巡查，防止污水外溢造成环保事故。

四 开井排液

（一）排液目的和方式

1.排液目的

气井中的液体主要来自气态烃类的凝析作用（凝析液）、储层的地层水或层间水。气井中液体通常是以液滴的形式分布在气相中，流动总是在雾状流范围内，气体是连续相而液体是非连续相流动。当气相不能提供足够的能量来使井筒中的液体连续流出井口时，就会在气井井底形成积液，积液的形成将增加对气层的回压。高压井中液体以段塞形式存在，它会损耗更多的地层能量，限制气井的生产能力；在低压井中积液可完全压死气井，造成气井水淹关井，使气藏减产。因此，应采取不同的排液方式尽快将井内的积液排出井口，减少对地层的污染，以达到气井的生产能力。

2.排液方式

根据地层压力的不同、产气量的大小不同，排液可分为自喷排液和诱喷排液两种方式。

（1）自喷排液

高产量井一般采取一次性连续放喷排液，中、低产量井则采取多次关放（间歇）放喷。

（2）诱喷排液

由于地层压力的变化、产能的衰减，根据井筒状态的不同，诱喷排液中常用的助排方式可分为气举排液、泡沫排液、抽汲排液等。

气举排液：气举是基于 U 形管原理，依靠从地面注入井内的高压低密度流体与储层产生流体在井筒中的混合，利用气体的膨胀使井筒中的混合液密度降低，将流入井内的液体举升到地面，常用的流体介质为天然气、氮气、液氮、二氧化碳等。

泡沫排液：是往井内加入表面活性剂的一种助排工艺。表面活性剂又叫发泡剂。向井内注入一定数量的发泡剂，井底积水与发泡剂接触以后，借助天然气流的搅动，生成大量低密度的含水泡沫，随气流从井底携带到地面，达到清除井底积液的目的。

抽汲排液：根据井内油管的内径尺寸，选择抽子的大小（比油管内径小 1~1.5mm），依靠抽子的密封性，上提抽子达到将井内液体带出井内的目的。

（二）技术要求

①高产量井一般采取一次性连续放喷排液，中、低产量井则采取多次关放（间歇）放喷，放喷排液期间记录开关井时间、排液量、产气量，每 30min 记录一次井口油、套压压力。采用数据采集系统记录井口油、套压压力、管汇台压力等参数，实时传输。

②当返排率达到 50% 以上时，则需取样分析放喷口排出液体的 Cl⁻ 含量情况，判断是否为地层出水。

③采用节流调节阀或油嘴控制从油管排液，除特殊情况外严禁从环空放喷。

④开井时遵循先内后外的原则，操作缓慢平稳，严禁猛开；采气树生产闸阀必须全开，由管汇台闸阀和油嘴、针形阀控制放喷；当用油嘴控制时，油嘴上游需要开启的管汇台闸阀必须全部处于全开位置。

⑤放喷时，必须控制井口压力，其最大压降一般控制在气层压力的 30%~50%，但要考虑套管的抗挤强度。

⑥放喷时，油套压快速下降或地层出砂（加砂压裂井除外），应立即关小节流调节阀或换小油嘴控制，若套压降低到允许最低套压时要立即关井停止放喷。

⑦闸阀在关闭时，当手轮关到底时应再倒转 1/4~1/2 圈，关井时，先将针形阀关小后再关生产闸阀；开井时，先开生产闸阀后开针形阀；在工作压力下，允许二人转动手轮开关闸阀且可用长度不超过 15cm 的加力杆。

⑧开关井方式：慢开快关。开关闸阀操作人员严禁正对阀杆开关闸阀。

⑨纯气井的观察方式：a. 开井套压略高于油压，相差值由产量和井深决定，一般情况下，高压高产井要高 1~2MPa，低压低产井在 0~1MPa 以下；b. 放喷气流呈青烟色，点火火焰根部呈天蓝色。

⑩气水同产井观察方式：a. 放喷气流呈白雾状，火焰呈黄色；b. 关井油、套压不平衡，产水量越大差别越大；c. 开井油、套压差别大；d. 取水样分析其 Cl⁻ 含量高，三个样品分析结果一致。

⑪若采用氮气气举排液，气举施工结束后立即有控制地放尽油套环空内的气体，才能关井或开井求产。

⑫放喷过程中要经常检查油嘴、堵头、闸阀，损坏的油嘴、堵头、闸阀要立即更换。

（三）安全注意事项

①作业前应组织施工人员及相关配合方进行现场安全技术交底，下达施工任务书。

试油（气）作业

②开井放喷排液期间加强井口、高压管线和放喷口的巡查，防止返排液泄漏，造成环保事故。

③含硫油（气）井气举作业，应安装排风扇，佩戴便携式硫化氢监测仪，发现硫化氢泄漏，及时佩戴正压式空气呼吸器。

④施工现场应设置安全警戒区域及警示标识。

⑤开关闸阀操作人员不应正对阀杆开关闸阀。

⑥酸压排液应穿戴防酸劳保用品，防止人员被酸液灼伤。

⑦出口天然气应及时点火燃烧，点火人员站在喷口的上风方向对排出的气体进行点火燃烧。

⑧严禁高空作业不系安全带。

五 求产

求产是以各种不同方式测试油气层的生产能力。试油气井通过各种排液方式使油气水性能稳定后，即可进行求产。下面以自喷井常规试油气为例进行介绍。

（一）技术要求

①待井筒积液排尽后，稳定工作制度生产压差控制在地层压力的 20% 以内求产，井口压力变化范围小于 0.1MPa，产量波动范围小于 10%，求产稳定时间宜参照表 3-4-1。

表 3-4-1　气井测试稳定标准值

测试产量 /（10^4m^3/d）	>50	50~10	<10	<5
稳定时间 /h	2	4	8	12
压力波动 /MPa	0.5~1	0.5~1	0.5~1	0.5~1
产量波动 /%	<5	<5	<5	<5

②常规油层，当油井自喷正常时，含水降至 5% 以下，井口压力稳定，即进入稳定求产阶段，试油稳定求产标准值见表 3-4-2。

表 3-4-2　油井测试稳定标准值

测试产量 /（t/d）	>500	500~300	300~100	100~20	<20
稳定时间 /h	8	16	24	32	48
计量 /h/ 次	1	1	1	2	4
产量波动 /%	<5	<10	<10	<10	<15

③按照设计的工作制度进行求产，日产气量低于 8000m^3，采用垫圈流量计计量；日产气量大于 8000m^3，采用临界速度流量计计量，同时满足下流绝对压力与上流绝对压力比值小于 0.546 的条件；或采用三相分离器孔板流量计连续计量。

④当已知最大油嘴直径和最低井口压力后，可按预测点均匀分配各点控制的井口压力

大小；孔板选用一般原则：孔板直径为油嘴直径的 2~2.5 倍。

⑤求产期应专人观察分离器压力变化，观察液位适时排放分离出的液体。

⑥在液体基本排尽的情况下，可按放喷油嘴进行估算气产量，从而选择孔板尺寸。

$$Q_g=147.86P_w hd^2$$

式中：d 为油嘴直径，mm；$P_w h$ 为井口平均油压，MPa。

⑦根据不同的求产方式，录取、记录求产资料，符合 SY/T 6125—2013《气井试气、采气及动态检测工艺规程》有关规定。

a. 临界速度流量计求产：

$$q_g = \frac{1896.67d^2(P_{uf} + 0.101)}{\sqrt{\gamma_g ZT_{uf}}}$$

式中　d——孔板直径，mm；

　　　P_{uf}——孔板上流压力，MPa；

　　　γ_g——天然气相对密度；

　　　Z——天然气偏差系数；

　　　T_{uf}——上流温度，K。

$$q_g = 2.94d^2\sqrt{\frac{h_w}{T\gamma_g}}$$

b. 垫圈流量计求产：

式中　q_g——天然气日产量，m³/d；

　　　d——孔板直径，mm；

　　　h_w——U 形管内水柱差（mm）；

　　　γ_g——天然气相对密度，一般取平均值 0.58；

　　　T——上流温度（绝对温度），K。

c. 双波纹管差压流量计输气求产：

$$q_g=KHPF_z F_t$$

式中　q_g——天然气日产量，10^4m³/d；

　　　K——气体流量计算常数；

　　　H——差压指示格数；

　　　P——静压指示格数；

　　　F_z——气体偏差系数校正值；

　　　F_t——温度校正系数。

d. 丹尼尔流量计求产：

$$q = \sqrt{h_w \times f_z \times 145 \times c}$$

式中　q——天然气产量，m³/d；

　　　h_w——差压，in H₂O；

f_z——静压，MPa；

c——平均流动系数。

⑧经验估算根据放喷口火焰高度、响声和有无冲力可大致判断产气量大小，当采用 ϕ73mm 油管放喷时的产量估计，火焰高度：

在 5m 以下产气量小于 $2 \times 10^4 m^3/d$；

5~10m 产气量为（2~5）$\times 10^4 m^3/d$；

10m 以上产气量大于 $5 \times 10^4 m^3/d$。

（二）安全注意事项

①含硫油（气）井作业，应安装排风扇，佩戴便携式硫化氢监测仪，发现硫化氢泄漏，及时佩戴正压式空气呼吸器。

②作业前组织施工人员及相关配合方进行现场安全技术交底，下达施工任务书。

③操作闸阀时应站位正确，侧身操作带压闸阀。

④锅炉及分离器超压报警时及时停炉检查。

⑤放喷口出现可燃气体时及时点火。

⑥使用丹尼尔流量计装换孔板时，确保流量计上腔压力泄压完成。

⑦含硫井使用分离器求产结束后应立即清洗分离器。

⑧求产过程中测试管线出现渗漏，立即倒换放喷通道，进行整改。

六 取样

（一）技术要求

1. 取样时间

无论是气样、油样、水样、高压物性样，取样时间均在求产稳定时间内。

2. 取样位置的选择

①天然气样：可在井口油压表或流量计截止阀处取，注意：在井口取样时，取样前应先排尽采气树小四通至压力表之间的"死气"。

②凝析油和水样：通过分离器排污管线在计量罐处取。

③油井（含水量小于 5%）：可在分离器处取样，必要时进行高压物性取样，下入高压物性取样器至油层附近取样，并测定取样点的压力和温度。取样前应对取样器称重，以防未取到样品，未取到样品应重取。

④油水同产井：必须在油柱中进行取样。

3. 取样操作步骤及注意事项

（1）取水样

①准备 500mL 取样瓶 4 个，标签 4 张，笔 1 支，胶水 1 支，桶 1 个。

②排死液：将桶正对分离器放样阀出口下端摆放于地上，打开分离器放样阀，排出死液。

③洗刷取样瓶：待死液排尽后，在放样阀出口取水样刷洗取样瓶和瓶盖，确保取样瓶干净。

④取样：取样瓶对接在分离器放样阀出口下端，取样品。

⑤盖瓶盖：取样标准达到样瓶的80%，关闭放样闸，盖上瓶盖，避免水样渗出。

⑥填写标签：填写取样标签，并贴在取样瓶上（应准确填写取样井号、层位、日期、取样人等信息）。

⑦回收所有工具及材料。

（2）取油样

①准备手套、取样桶1个、油桶1个、笔1支、取样标签、棉纱、取样扳手等。

②填写取样标签参数、监测样桶无油污无裂缝，符合取样要求。

③放掉死油，检查井口流程，取样时人员站在上风口位置，缓慢打开取样阀，将死油放入污油桶，当有新鲜油样时进行取样。

④取样标准达到样桶的80%，取样分三次取完，每次间隔5min，每一次取样1/3，总量不小于500mL。

⑤填写标签，记录清楚取样时间、地点、目的。

⑥清理井场，把污油在指定位置处理干净。

⑦回收所有工具及材料。

（3）常规取气样

①准备200mm活动扳手1把，500mL取样瓶2个，取样接头1个，取样标签2张，笔1支，胶水1支，水桶1个（包括水），1m乳胶管1根。

②安装取样接头：关闭流量计截止阀，打开截止阀泄压孔泄压，再拆卸压力表，安装取样接头，关闭泄压孔。

③连接乳胶管：将乳胶管一端接在取样接头上，另一端放置于水中。

④取样瓶装水：取样瓶装满清水后将瓶口向下倒立于水中，瓶底应无气泡。

⑤取样：缓慢打开取样截止阀，待乳胶管排出天然气1~2min后，把乳胶管出口插入气样瓶口约5cm处，待天然气把瓶中的清水排出至500mL刻度线时，立即取出乳胶管，在水中用胶塞塞紧瓶口，将取气瓶倒立拿出水面，倒立放置于安全位置（气瓶排出清水约3/4时注意控制截止阀减小气量）。

⑥拆卸取样接头、安装压力表：关闭截止阀，拆卸取样接头，安装压力表，打开截止阀。

⑦填写标签：填写取样标签，并贴在取样瓶上。

⑧回收所有工具及材料。

（4）高压物性取样

①准备取样钢瓶1个，1m长取样专用管线2根，塑料桶1个，200mm活动扳手2把，

聚乙烯生料带 1 盒，样品标签 1 张。

②控压：通过节流降压保证管汇台取样截止阀处压力在钢瓶额定工作压力的 50%~80%。

③连接取样管线：取样管线一端与管汇台截止阀连接，一端与钢瓶进口相连，将另一根取样管线与钢瓶出口管线相连。

（5）置换气体

先打开取样接头至放空管线之间的所有阀门，缓慢打开管汇台截止阀，排尽钢瓶中的空气。

①取样：关闭钢瓶出口端截止阀，观察钢瓶压力，控制压力在钢瓶安全工作压力范围内，达到取样要求压力后关闭管汇台截止阀，再关闭取样钢瓶入口端阀门，结束取样 [钢瓶不渗不漏，钢瓶内充入一定压力（钢瓶额定工作压力）的气体]，拧紧两端阀门，整体浸没水中，5min 无渗漏为合格。

②泄压、拆除管线：缓慢打开管汇台截止阀泄压孔，泄掉取样管线内压力，拆除取样管线，拧紧钢瓶两端盖帽。

③填写标签：写样品标签（如取样井号、层位、取样时间、取样地点、取样压力等），附在取样钢瓶上，将钢瓶装入取样箱。

④回收所有工具及材料。

4. 取样数量

①天然气样：全分析取样品两支，每支 500mL，天然气样含氧量小于 2%，两支气样相对密度差小于 0.02 为合格。

②水样：全分析取样品两支，每支 500mL，两支水样水性一致，氯离子含量相差小于 10% 为合格。

③油样：全分析取样品两支，每支 1000mL，两支油样相对密度差小于 0.005 为合格。

④针对高压井和含硫化氢气井地面取气样，采用钢瓶取样，每个测试工作制度稳定后期在节流管汇或上流压力表处取样 1000mL。

5. 取样标签记录内容

取样井号、层位、井段、取样时间、取样地点、样品名称、取样单位、取样人、分析化验项目要求。含硫化氢气样应注明"该样品含有硫化氢"。

（二）安全注意事项

①含硫油（气）井作业，应安装排风扇，佩戴便携式硫化氢监测仪，若发现硫化氢泄漏，及时佩戴正压式空气呼吸器。

②作业前进行现场安全技术交底，下达施工任务书。

③操作截止阀时应避开泄压孔。

④取样压力应低于钢瓶安全工作压力。

⑤取完样后应泄压拆除取样管线。

⑥取样结束后钢瓶应盖紧，安装安全盖帽。

⑦含硫化氢气样，应在钢瓶标签和送样清单上注明"该样品含有硫化氢"。

七　关井测压力恢复

（一）技术要求

①求产结束后，用精密压力表或电子压力计测关井井口压力恢复数据或用井下关井通过存储压力计测井下恢复压力。

②井口压力记录采取先密后疏的原则，关完井后开始按 1min 记录三个点，3min 记录三个点，10min 记录三个点，然后每 30min 记录一个点，到恢复缓慢后适当延长记录点时间。

③油井和气水同产井从测流压开始连续用井底压力计至产层中部实测井底压力恢复。

④纯气井必要时下井底压力计至产层中部实测井底压力。

⑤在套管及井口强度允许范围内求得最大关井压力及压力恢复数据。

⑥压力在 24h 内变化范围小于 0.05MPa 即视为稳定；测压力恢复曲线时，应测出原始地层压力及边界反应。

（二）安全注意事项

①作业前应组织施工人员及相关配合方进行现场安全技术交底，下达施工任务书。

②含硫油（气）井作业，应安装排风扇，佩戴便携式硫化氢监测仪，佩戴正压式空气呼吸器。

③关压恢复期间钻（修）井队应随时检查钻（修）井作业设备设施情况，确保运转正常；做好井场外围的安全警戒工作。

④关压恢复期间应做好压井液性能的维护。

八　压井

利用设备从地面往井内注入密度适当的压井液，使井筒内的液柱在井底造成的回压与地层压力相平衡，恢复并重建井内压力平衡。

（一）压井方式

1. 正循环压井

将压井液从管柱内按一定压力和排量注入，从环空返出，至进出口性能达到一致并压稳井。

2. 反循环压井

将压井液从环空按一定压力和排量注入，从管柱返出，至进出口性能达到一致并压稳井。

3.非常规压井（挤注压井）

不具备循环压井条件的井采用挤注压井。

（二）技术要求

①压井液选择：压井液性能应与地层配伍，满足本井和本区块地质要求。

②压井液密度、用量选择：计算所需压井液密度，气井密度附加值可选 $0.07\sim0.15g/cm^3$；压井液用量为井筒容积的 1.5~2 倍；绘制压井施工曲线。

③对预测为漏失层和酸化压裂层的，应按设计备足堵漏材料。

④按压井施工设计要求，备足隔离液。

⑤压井前控制泄压并按要求达到稳定状态。

⑥井口应使用控制闸阀、节流阀和油嘴控制出口排量。

⑦管线连接后，进行试压，试压值不低于最高设计施工压力的 1.5 倍，但不应高于其管件最低的额定工作压力。

⑧泵注隔离液达到设计要求。

⑨采用循环法压井时，最高泵压不超过地层吸水启动压力，泵注压井液过程应连续，排量符合设计要求。控制进出口排量平衡，至进出口密度差不大于 $0.02g/cm^3$ 可停泵（压井后应进行观察，短起下后再循环，测油气上窜速度，确定安全后，再循环两周观察无异常后方可起钻）。

⑩采用挤压井施工作业时，施工压力不超过地层破裂压力。

⑪检验压井效果，观察出口应无溢流。

⑫清水压井，清水的机械杂质含量小于 0.02%，数量不小于井筒容积的 2 倍。如设计要求用 KCl 溶液压井，按设计浓度配制，搅拌均匀。

⑬压井结束时，压井液进出口性能应达到一致，油套压为零，并观察 1~3h，出口无溢流。

（三）安全注意事项

①压井进出口管线应用硬管线，并固定。放喷管线出口处应装大于 120° 弯头，禁止使用 90° 弯头。

②压井时人员不准跨越、靠近高压管线。

③施工过程中排出的液体应回收处理。

④井场应设置逃生路线标志、紧急集合点和风向标，设有安全通道并保证畅通。

⑤施工井场应备有足够的储液池（罐），并有合格的防渗透措施。

⑥作业过程中应加强对可燃气体的监测。

不具备开采价值的油气层，出于下步工程作业需要或安全环保风险考虑，需封层，将该储层与其他储层分割开来，避免该井其他储层的勘探、开发受到影响。

（一）封层方式

封层方式分为两种，分别为临时性封堵方式和永久性封堵方式。

临时性封堵方式：打水泥塞、可钻式桥塞（油管或电缆传输）；化学材料或生物材料封堵。

永久性封堵方式：采用打多个水泥塞或全井水泥封堵、不可钻桥塞（油管或电缆传输）、不动管柱全井水泥封堵、挤水泥。

（二）技术要求

1. 油管传输下桥塞

①检查确保桥塞与辅助工具各丝扣、固定螺钉无松动，卡瓦无破裂，托筒无损坏，上下锥体缸套、丢手剪钉安装正确；水力锚扶正块无弯曲变形，弹簧无卡死或断裂；伸缩加力器伸缩自如。

②检查确保安全接头反扣连接处松紧合适。

③检查确保入井工具的各零件按正确位置组装。配用钢球应在安全接头、水力锚、伸缩加力器内孔里顺利通过。

2. 电缆传输下桥塞

①桥塞与送进工具相连接时一定要按顺序装配，并将桥塞上紧到与转换接头坐封套没有间隙为止，以防止松动而影响坐封力的传递。

②电缆车应配有指重表，在桥塞遇阻上提电缆时，电缆负荷不能超过其强度的一半，超过一半时应立即停止提升电缆，并采取有效的措施解卡。

③电缆桥塞送放工具与磁性定位器连成一体后不允许有弯曲现象存在。

3. 打水泥塞

①替水泥浆之前，要确保井内平稳，不溢不漏。

②配水泥浆的水和隔离液的水必须与试验用水一致。

③顶替液量必须计量准确，保证油套管水泥浆面保持平衡。

④候凝时井口需灌满压井液。

⑤对于高压不稳定井或层间干扰大的井应采取加压候凝，一般加压 3~5MPa。

⑥候凝时间按设计要求执行，以确保水泥塞凝固质量。

4. 挤水泥

利用液体压力挤压水泥浆，使之进入地层缝隙或多孔地层，其目的是在套管和地层之间形成密封。

①收集作业井的套管规格，漏（窜）层位及井段、地层渗透率、岩性、温度、地层破裂压力等。水泥类型、水泥浆性能、水泥用量等。

封堵炮眼：计算挤入量、炮眼段套管的内容积及附加量之和；

封堵套管泄漏：计算泵入量、泄漏段套管的内容积及附加量之和；

封堵漏失层：计算挤入量、漏失段的内容积及附加量之和。

②配水泥浆的水和隔离液的水必须与试验用水一致。

③控制好水泥浆失水量。

④注水泥浆量和顶替液量必须计量准确。

⑤严格按设计确定的挤水泥量实施。

（三）安全注意事项

1. 油管传输下桥塞安全注意事项

①下油管操作平稳，严禁撞击和猛提猛放，避免造成桥塞中途坐封。

②下钻过程中，管柱不得反转，以防安全接头从反扣处倒开造成施工失败。

③桥塞及水力锚坐封位置要避开套管接箍。

④油管内必须畅通，严禁井内落物，丝扣油一律涂抹公扣。

⑤桥塞管串入井后可正反循环洗井，不得憋压。

⑥坐桥塞时先投钢球，待球入座后，憋压，憋压途中不得停泵，直至丢手。

⑦正常丢手，油管压力突然下降，油套管连通，呈循环状；或无法丢手，则泄油压，并加钻压 50~80kN 压住桥塞，继续憋压直至丢手。

⑧防止中途意外坐封的措施：a.轨道式桥塞，上提下放的距离必须要小于换轨距；b.液力启动桥塞，严格控制上提下放速度，特别是从大套管进入小套管后；c.井未压稳不允许下桥塞，包括漏失或出现井涌的情况。

2. 电缆下桥塞安全注意事项

①电缆入井时速度应缓慢平稳，以免造成电缆打扭或桥塞遇阻事故。

②一般下入速度不大于 60m/min，达到预定深度时，降低下入速度，缓慢地下到预定深度以下几米的位置。经检查下井的深度准确无误后，再将桥塞提至预定深度（桥塞方负责，作业队监控）。

③坐封工具作业完毕后，将电缆放松几米，以此来检查桥塞是否坐封，然后缓慢地提升电缆，最后以不大于 90m/min 的速度提起坐封工具。

④电缆桥塞坐封总成作业完毕后，在解体保养之前，必须将工具内存有的高压气体放掉，否则不能进行解体保养。

⑤在作业时，如发现火药没有点燃，应将工具提出进行检查或更换火药。

3. 注水泥塞安全注意事项

①要有专人指挥，专人计量。

②作业中途提升设备发生故障，应迅速反洗出井内全部水泥浆。

③作业中途水泥车发生故障，应立即上提井内管柱至安全高度（或提出井内全部管柱）。

④从配水泥浆到反洗井开始所经历的作业时间不能超过初凝时间的70%，反洗井中途不得停泵。

⑤关井候凝时，井口必须密封无渗漏，严防水泥塞上移。

⑥下探无水泥塞面时，必须将管柱提至原候凝深度。避免未经凝固的水泥浆将管柱堵塞或固住。

4. 挤水泥安全注意事项

①要有专人指挥，专人计量，作业前明确分工，组织落实。

②作业中途设备发生故障，应迅速反洗出井内全部水泥浆或立即上提井内管柱至安全高度。

③作业中工具、用具必须灵活好用。

④关井候凝时，井口必须密封无渗漏，防止水泥浆倒返。

十 弃井

一个井内油、气层位全部试油测试完成后，达到工业油流、有生产能力的井，可按设计要求选择完井管柱和井口装置下泵投产。没有达到工业油流或不具备投产条件的井，可根据要求进行弃井。

（一）目的及要求

在油气勘探开发过程中，总有一些井需要进行永久性报废处理或对其部分井段进行封堵作业。其作业的目的是保护自然资源。主要体现为以下五点：

①保护淡水层免受地层流体或地表水窜入的污染。

②隔离开注采井段与未开采利用井段。

③保护地表土壤和地面水不受地层流体污染。

④隔离开处理污水的层段。

⑤将地面土地使用冲突降低到最小程度。

一口井部分井段的永久性封堵及废弃井的弃井作业的主要工作是，在井内适当层段注水泥塞以防止井筒中形成流体窜流通道，其目的在于保护淡水层和限制地下流体的运移。地层流体在井筒的运移有以下这两种情况：

①有连通渗透性地层与淡水层或地表的井眼通道。

②地表水渗入井筒中并窜入淡水层。

正确的封堵方式能够保证封堵效果，从而将永久性地阻止流体在井内运移。一般在井内适当的位置注水泥塞或坐封桥塞能有效地阻止流体运移，同时保护淡水层。

为达到弃井的目的，要求所有关键性层段之间应是隔离开的，所以在编写封堵设计前，首先应认清井内各地层的特性，这样才能在井筒中选择恰当的井段进行注水泥塞或坐封机械桥塞来阻止流体运移。

（二）方式

在试油结束后，对没有达到工业油流或不具备投产条件的井，可根据要求选择临时弃井（长停井）或永久弃井（废弃井）。

1. 长停井（临时弃井）

生产、注水或修井作业已经结束，但没有采取永久废弃处置的井。长停井分为关停井和暂闭井。

2. 废弃井（永久弃井）

废弃井是指因各种原因无法继续利用，按程序履行了报废审批手续或经相关部门批准为永久性废弃的油、气、水等井。

①关停井：若一口长停井的完井井段与油管或套管连通，则该井被归类为关停井。关停井状态是指从停产或完成修井作业三个月后开始算起。关停井可以通过操作开关生产阀门或修复生产设备来恢复生产。通过主动的修井工作可使一口关停井成为暂闭井或废弃井。

②暂闭井：当一口长停井的完井井段与生产油管或套管已被隔离时，该井被归类为暂闭井。暂闭井状态从完井井段被隔离之日算起。隔离完井井段的方法有下桥塞（包括丢手封隔器）、注水泥塞和水泥封堵等。采用暂闭井方式一般是打算将来再利用该井。

（三）封堵方法

一般是采用裸眼水泥塞、套管水泥塞、套管炮眼挤注水泥塞或机械桥塞等方法。但是，在隔离开套管外水泥返高以上的油气层或注水层时，则应采用二次固井等一些特殊的作业。现场一般选择挤注水泥塞的方法进行封堵。

挤注水泥塞方法有顶替法、挤注法、机械塞法、倒灰法、连续油管顶替法等。

（四）操作

1. 临时弃井

在油层以上 200m 注一灰塞，达到标准后再在距井口 50m 左右注一灰塞，试压合格后，按要求进行拆井口恢复地貌或盖井口房保护井口装置等操作。

2. 永久弃井

①在油层以上 200m 注一灰塞，在水泥返高位置以下再注一灰塞，然后在距井口 50~100m 注一灰塞，地面以下 6~15m 到地面注一个悬空水泥塞，用来防止地面水进入废弃井井眼。

②注完表层水泥塞后卸掉井口，留在井眼内的任何工作管柱都应从地面以下 1~2m 处（如果有特殊要求，则可能要更深）割掉。

③割掉管柱后，如果环空无水泥，则应用水泥浆填满这些空间。

④试压合格后，按要求拆井口恢复地貌。

（五）资料录取

录取资料有：封井日期、封井方式、井筒现状、井口标识；井口装置的型号、规格；井内管柱结构示意图，井下工具型号、规格，工具下入深度，尾管完成深度，水泥塞深度、井下落物情况等。

（六）施工质量要求

①封堵和弃井作业一般自下而上进行，封隔从井底到地面的各个层段，最终达到弃井作业目的。

②在井筒中起封隔作用的水泥塞的最小厚度一般是 50m。

③施工时井内的静液柱压力应与地层压力平衡，对于高压地层和漏失地层，可采用垫稠泥浆或注入堵漏材料来控制，或采用桥塞、膨胀封隔器、水泥承留器等一些机械工具或挤注水泥浆封堵高压或漏失地层。

④对于气层或影响封堵效果的含气油水层，宜在封堵层段的顶部先坐封机械桥塞隔断气源，然后在桥塞上注水泥塞。

⑤当裸眼井封堵时，水泥塞在套管鞋上下的厚度至少应为 30m。当裸眼长度小于 30m 时，水泥塞总厚度至少为 50m。根据油藏性质和裸眼井段长度，也可以在整个裸眼井段内注一个水泥塞，或在套管鞋以上 15~30m 处坐封一个机械桥塞，并在其上注厚度不小于 50m 的水泥塞。

⑥对已射孔的生产层或注水层可在炮眼以上至少 15m 处通过下入水泥承留器或可取式封隔器等方式，向炮眼里以封堵半径 0.5~2.0m 挤水泥来封堵射孔井段，并在其上留一个厚度至少为 50m 的水泥塞。

⑦在没有水泥固结的长井段，在关键层段的上、下方分别射孔、挤水泥进行封堵。在分层挤水泥作业后，在套管内留一个厚度至少为 50m 的水泥塞。当有些关键层段需要封堵，用循环水泥法不可行或不现实时，则分层挤水泥。

⑧高含硫化氢井弃井，油井水泥应选择抗硫酸盐型水泥。封堵时应先挤注水泥封堵高含硫化氢层段，然后再对高含硫化氢层段以上射孔井段或者套管漏失段进行封堵。

⑨对储气层的封堵应遵循以下原则：

a. 储气层未射孔时，应在储气层段对应的套管内注水泥塞，水泥塞厚度应覆盖储气层段并达到 100m 以上。

b. 储气层已射孔，应先采用挤注水泥塞的方式对储气层进行封堵，封堵半径为 0.5~2.0m，并在储气层段注水泥塞，水泥塞厚度应覆盖储气层段并在 100m 以上。

c. 储气层以上 100m 范围内无射孔井段且套管无漏失，应在封堵储气层所留水泥面上坐封桥塞以隔离井筒气，然后在桥塞上继续注水泥塞，水泥塞厚度在 100m 以上。

d. 储气层以上 100m 内有射孔井段或者套管有漏失，应采用挤注水泥塞的方式进行封堵，且在封堵前应在封堵层段以下坐封桥塞以隔离井筒气，封堵后，再在井筒内注水泥塞，水泥塞厚度在 100m 以上。

e.储气层以上 100m 内固井质量不合格的井段，应在该井段内进行射孔二次固井，再注水泥塞，水泥塞厚度在 100m 以上。

f.当储气层段及其上下套管有变形，无法实现上述的有效封堵或封隔时，应先打开通道，再进行封堵作业。

（七）施工注意事项

①封井用水泥，低渗层可采用超细水泥；对于 H_2S 含量大于等于 $20mg/m^3$ 的含硫井，产层封堵应采用添加防腐剂的水泥浆；热采井封井时水泥浆中应加入热稳定剂。

②单段封井水泥塞最小长度要求为 50m，井口水泥塞的位置距离井口 200m 以内。

③注水泥塞施工时，井内的静液柱压力应大于地层压力。

④周边存在注采井干扰的废弃井封固前，应暂停周边干扰井的生产或注水等作业，待地层压力稳定后，对可能存在井间干扰的层位进行挤注封堵。

⑤对于废弃井存在特殊的地下情况，可对被封堵井段采取补孔、重复射孔等措施，疏通挤注水泥浆通道，提高封堵质量；或采用超细水泥或膨胀性水泥等特殊封堵剂来提高封堵质量。

⑥高压气井封井时，封固位置须包括气层、窜漏位置、水泥返高位置、井筒完整性的薄弱点（尾管悬挂器顶部、分级箍等位置）及井口等位置。封井施工要在压稳气层后进行，水泥塞封堵井段要大于待封堵层位顶界 200m 以上，井口水泥塞的长度不少于 100m。

⑦高风险等级的井口带压天然气井，应对气层射孔位置及气层进行挤注封堵，封堵半径应超过钻井井眼半径的 3 倍。

⑧封堵技术套管或表层套管井口带压或井口冒泡的天然气井前，应先对井口气样进行取样分析，确定窜漏位置，采取相应措施对窜漏井段进行挤注封堵。

⑨不要求保留井口的废弃井应在封井后按相关规定和协议要求恢复地貌；要求留存井口的废弃井，完成封井后保留井口套管头，套管头应露出地面，并用厚度不低于 5mm 的圆形钢板焊牢，钢板面上应用焊痕标注井号和封堵日期，按照管理部门要求统一做好标识。

⑩气井封井后应安装简易井口，安装压力表和放气阀，按照管理部门要求统一做好标识，立碑、刻字、盖井口房。

⑪含硫井，井口应修建通风井口房，竖立清晰明显的警示标志。部分固井质量差的井还需要在套管头接泄压管线至方井外。

⑫井场整理恢复后与资料一起在现场与业主方（或业主代表）确认签字进行该井移交工作。

第五节　非常规试油（气）

一　射孔

非常规射孔目前采用三种方式：连续油管传输射孔、电缆泵送射孔、牵引器输送射孔。前期的页岩气射孔普遍采用连续油管传输射孔，连续油管安装时间长，射孔时效低。电缆泵送射孔针对井眼轨迹好的井时效比连续油管射孔高。但在井眼轨迹差，狗腿比较多的时候射孔枪不易通过，易造成卡枪和遇阻。新技术牵引器输送射孔通过对枪连接结构的优化解决了页岩气射孔时效低下困境。以下主要对牵引器输送射孔和电缆泵送射孔进行介绍。

（一）牵引器输送射孔

牵引器输送射孔技术是牵引输送技术与多级射孔技术相融合的一种射孔技术，它既可以替代连续油管传输射孔技术，实现水平井首段射孔，又能与泵送分簇射孔作业实现无缝对接，可以为页岩气水平井射孔提供高效手段。

牵引器主要由CCL磁定位短节、电子线路短节、液压推靠及牵引短节等组成（图3-5-1）。通过地面控制使推靠牵引臂紧贴套管内壁，并控制牵引滚轮转动，实现牵引器向前或向后的牵引功能。当实施牵引器输送射孔时，直接在牵引器末端配接抗震及电气安全隔离等功能短节及射孔枪，通过牵引器将射孔枪输送到位，即可进行射孔作业。

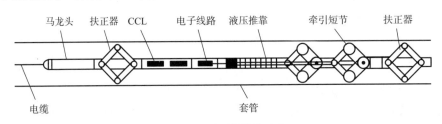

图 3-5-1　牵引器结构示意

1. 技术特点

①单段作业时效提高。采用连续油管实施首段射孔全过程耗时约为36h；同时布置泵送分簇射孔的场地和设备还需耗时8h。采用牵引器输送射孔技术进行首段射孔，仅需耗时约20h进行准备、施工后，便可直接转入首段压裂和第2段泵送分簇射孔作业程序。相较于连续油管传输射孔，采用牵引器输送射孔至少提高55%单段作业时效。

②定位射孔精度提升。牵引器输送射孔可利用自带的CCL磁定位短节，通过套管接箍定位校深，实现精确定位，避免在套管接箍上射孔的不利现象。

③长水平段适应性增强。牵引器输送射孔依靠井下可控牵引力输送，避免连续油管自锁现象的出现，更适合长水平段水平井的射孔施工。

2. 辅助工具配备

（1）射孔减震短节

射孔瞬间引起强烈的冲击，对牵引器内部电子元器件构成极大安全隐患。必须在射孔枪与牵引器之间配接削减冲击震动的射孔减震短节，以确保井下牵引器的正常工作，同时还需可靠地传输二者间的电信号。通过配接射孔减震短节 SCL-200S，利用其内部 3 组弹簧缓冲式减震装置，吸收爆炸产生的冲击震动。

（2）射孔安全短节

通过配接射孔安全短节 SCL-200S，依靠地面控制箱控制（工作电流为 30mA）其电路联通或断开。在射孔枪未实施点火操作前，射孔安全短节处于断路状态，确保牵引器工作电压不会下窜至射孔枪，保证射孔枪的使用安全。

（3）柔性短节

牵引器工具串连接 2 簇射孔枪后，管串总长达 20m 左右。如果直接使用该刚性管串下井，必然无法顺利通过大狗腿造斜段。通过在刚性管串之间配接花瓣状、最大弯曲为 45°的 JHQY-C J 型柔性短节，增强管串通过性。

（二）电缆泵送射孔

1. 工作原理

①泵送：电缆输送桥塞及射孔工具串自然下落到达斜井段后，通过泵车以一定排量往井筒注入液体，液体流动产生的推力推动桥塞及射孔工具串在斜井段及水平井段运动。

②分簇射孔：一次性将桥塞及射孔工具串泵送至目的层段，并依次完成桥塞坐封和若干射孔小段的射孔，每一射孔小段称为一簇。

2. 技术要求

①组织压裂队与泵送队井口交接，明确开关操作责任单位。

②监控泵送队的井控装置按照设计要求试压合格。

③射孔枪出井后检查发射率、孔径丈量，低于 95% 需补射。

④检查泵送电缆、钢丝有无断丝、变形、扭曲、松动、扭结、磨损、斑点、锈蚀、交叉等情况。

3. 安全注意事项

①与泵送队进行区域划分，明确环保工作责任单位。

②泵送作业期间远离井口，防止电缆拉断伤人。

③每一层段施工结束，立即巡查环保问题，督促整改。

④作业区域周围设置围堰、围栏，靠井场出口方向预留出入口，在出入口旁放置属地管理牌。

⑤安装井口设备作业过程中，严防井下落物。

⑥高空防喷管安装操作必须系安全带。

⑦射孔弹等火工品需放置在专用防爆装置中，设置警示牌，专人看护。

⑧装枪作业区用警示带隔离，无关人员严禁进入。

⑨开关压裂井口闸阀、倒换流程时，操作人员严禁站在闸阀正面操作。

二 压裂施工

利用压裂设备把具有一定性能的液体挤入地层，把地层压出裂缝后，加入支撑剂（石英砂、陶粒）充填进裂缝，提高地层的渗透能力，以增加注、采产量。

（一）技术要求

①压裂施工压力不得超过油管、套管、工具、井口装置的最大允许压力，施工前连接好排砂泄压管线（禁止使用软管线），并固定牢靠。

②井口采气树采用井口支架四角支撑、固定，确保固定牢靠。

③按要求倒换测试管汇紧急泄压通道，严禁安装油嘴。

④与压裂队进行压裂期间的井口交接，明确井口采气树闸阀开关状态。

⑤压裂前应打开技术套管、表层套管监控通道，压裂期间密切监控技术套管、表层套管的压力变化情况。

（二）安全注意事项

①作业前应组织施工人员及相关配合方进行现场安全技术交底。

②与压裂队签订安全环保协议，对压裂期间安全环保职责分工明确。

③试油气流程应急材料提前摆放到位。

④做好压裂期间供水、供电、应急压井供浆和外围警戒工作。

⑤压裂施工期间严禁非施工人员进入施工作业区域。

三 钻磨桥塞

（一）技术要求

①缓慢下入连续油管，连续油管在过防喷器和压裂井口时，速度不超过 5m/min，试下 50m 观察设备运转情况。待正常后，速度应保持在 25m/min 之内；井斜 30° 后，速度控制在 10m/min 以内；距离目的位置前 30m 控制在 2m/min 之内直到连续油管遇阻加压不超过 20~30kN。

②正常下入过程中，每 500m 进行一次上提下放测试校核悬重，并做好记录，上提下放测试完后启泵，以泵车最低排量泵注降阻水 3~5min（启泵的同时打开返排，停泵的同时关闭返排）。

③探到桥塞后上提连续油管 10m，控制排量 400L/min，在泵压稳定且返排出液正常后

开始下放连续油管进行钻磨作业；严格控制钻压及钻时以防卡钻，钻磨期间密切注意泵压的变化（泵压高于正常循环压力 2~3MPa）。

④钻磨过程中严格控制钻压，切勿增大钻压提高钻磨速度，应控制在 5~15kN，密切关注循环压力和进尺，超压保护设置比正常钻磨压力高 6MPa。

⑤作业前组织连续油管队进行井口交接。

⑥钻磨过程中的返排通道必须经过捕屑器，防止碎屑、胶皮堵塞油嘴。

⑦出口应采用油嘴控制放喷，保证出口排量略大于进口排量，防止杂质沉淀，卡埋工具串。

（二）安全注意事项

①作业前组织施工人员及相关配合方进行现场安全技术交底，下达施工任务书。
②签订安全环保协议书。
③严禁进入高压区、连续油管作业区域。
④连续油管作业前，确保井口装置试压合格。
⑤钻塞过程中可能会大量返出碎屑、胶皮堵塞测试流程，确保泄压后方可拆卸、整改测试流程。
⑥清理捕屑器时先倒换闸阀、泄压，确保压力为零后方可拆卸滤筒清理。

四 开井排液

高压井参照本章第四节常规试油（气）第四点。

五 求产

求产，是以各种不同方式测试油气层的生产能力。试油井通过各种排液方式确保油水性合格后，即可进行求产。下面分自喷井、间喷井、非自喷井和低产井四类分别进行介绍。

（一）自喷井求产

参照常规试油（气）。

（二）间喷井求产

有较高的压力，由于地层渗透率较低或其他原因不能连续自喷的井称为间喷井。此类井求产排液含水至 <5% 后，确定合适的工作制度，定时开井或定压开井测试，求取 72h 连续三个间喷日周期产量，12h 波动范围在 10%~20%，即为该间喷井的产能。定时开井就是按一定的时间周期开井计量油气水量，并取样分析，到停喷时再关井；定压开井即为当油套压升到油井能自喷的压力值时，开井生产计量油气水量，并取样分析，直至停喷时再

关井。

（三）非自喷井求产

非自喷井根据油层产能、流体性质以及地层特点，采用泵抽等求产方式。根据油层产能、流体性质以及地层特点决定所下泵类型、大小、泵深以及管柱结构和工作制度。在使用泵抽求产之前必须试抽、憋压，验证泵效，泵效良好方能求产。其他与抽汲求产相同。

泵抽求产是目前现场非自喷井求产最为常用的一种方法，特别是对于稠油井大多采用抽稠泵泵抽求产。泵抽求产在计量油产量时均应进行脱气：取一定体积原油样品边搅拌边加汽油或柴油，使原油样品保持原来的体积，待气体置换干净后，记下所耗汽油或柴油的体积，即可算出含气量。

非自喷井求产要求：

①油层、含水油层当液面降至套管允许最大掏空深度，必须测一个24h恢复，并补测两个间隔>16h液面点；或测4个以上间隔>16h液面点，要用同一个压力计。

②油水同层、水层的水性符合区域规律后，测24h恢复或两个以上间隔>16h的液面点。

（四）低产井求产

所谓低产井是指低于工业产能的井，由于地层供液能力较差，采用抽汲或泵抽等求产方式有一定困难。一般要求这类井经混排、举抽等方法将液面降至要求掏空深度范围内后，采用测液面配合井底取样的方法确定产能。

①根据液面上升情况计算产液量：采用混排、气举等方法降低液面后，下压力计间隔24h左右分别测取液面恢复深度或两个间隔>16h的液面点，根据压力上升值计算对应时间的液面深度，再折算成日产液量。

②井下取样落实水性：测液面同时下入井底取样器进行取样，判断地层是否出水。

③反洗井计量产油量：测液面求产后，利用当前管柱反洗井准确计量油井累计出油量，并折算出日产油量和油水比，同时取样分析。

$$日产液量（m^3）=\frac{两个液面深度差（m）}{恢复时间（min）}×油套流通容积（m^3/m）×1440min$$

实例：某井套管直径为139.7mm，井内管柱直径为73mm，混排后，下压力计于16：05测得液面深度为1965.5m，恢复到次日17：45测液面深度为1827.5m。已知油套流通容积为0.011m³/m，计算该井日产液量。

计算：测液面间隔时间 =（17：45-16：05+24：00）×60min=1540min

$$日产液量（m^3）=\frac{1965.5-1827.5}{1540}×0.011×1440=1.42m^3$$

六 取样

参照本章第四节常规试油（气）第六点。

第六节　资料录取

一 自喷层

（一）自喷油层（含水油层、油水同层）录取资料

①油压表、套压表的规格、型号、量程、校验日期。

②求产方式、求产时间、油嘴直径、孔板直径。

③开井前的油压、套压；每个工作制度的产油、气、水量及日产油、气、水量；每个工作制度的生产气油比、原油含水率、原油含砂率、出砂量、累计出砂量；每个工作制度的流动压力、温度及油压、套压。

④测气管线上流、下流压力（压差）和温度、井口温度；垫圈流量计的孔板直径、压差、温度；临界流量计的孔板直径、出气管线气流压力（上流、下流压力）、出气管线气流温度（上流、下流温度）、井温梯度、测气介质。

⑤产层累计产量（油、气、水）、综合含水率、清蜡时间、清蜡深度；地层压力、温度；分离器压力，测气流量计名称、型号、规格，测气方式。

⑥高压物性样品分析数据，高压物性取样方式、取样深度、取样数量；压力恢复数据及曲线；原油、天然气、地层水分析数据。

⑦现场监测 H_2S 浓度情况（取样口、计量罐口、下风口等处）。

⑧系统试井资料（每个制度下的流压/流温，压力/温度梯度，地面和井下油气水样品分析数据，直读压力计压力、温度）。

（二）自喷水层、含油水层录取资料

①一个工作制度的产水量、产油量及日产油、水量，累计产量。

②求产方式、求产时间、油嘴直径、孔板直径、测气流量计名称及测气方式。

③生产油水比、气水比；地层压力及温度、压力及温度梯度；流动压力及温度、压力及温度梯度；井口压力（油压、套压）。

④井口温度、环境温度；原油、天然气、地层水分析数据。

⑤现场监测 H_2S 浓度情况（取样口、计量罐口、下风口等处）。

（三）自喷气层、含水气层录取资料

①求产方式、求产时间，计量设备，油嘴直径、孔板直径，测气流量计名称、型号、规格及测气方式。

②每个制度的产水量、日产气量，折日产水量及累计产量。

③地层压力和温度、流动压力和温度、井口压力、井口及环境温度、压力及温度梯度；测气管线上流、下流压力（或压力差）和温度；压力恢复曲线；系统试井资料。

④天然气、原油、地层水分析数据。

⑤现场监测 H_2S 浓度情况（取样口、计量罐口、下风口等处），含 H_2S 气井单独取样做 H_2S 含量分析，出具单独化验报告。

二 间喷层

（一）录取资料

①周期产油、气、水量，日产油、气、水量和累计油、气、水量；油水比、气油比。

②间喷周期（开、关井时间）；地层压力；流动压力曲线。

③井口压力（油压、套压）。

④原油、天然气、地层水样品分析数据，原油含水率、综合含水率、原油含砂率、出砂量、累计出砂量。

⑤现场监测 H_2S 浓度情况（取样口、计量罐口、下风口等处）。

（二）录取资料要求

①可选用定时或定压方式开井测试，测出每个周期的油、气、水的产量。

②记录停喷及间喷期间的井口压力变化情况。

③常规储层连续三个周期产量波动在 20% 以内为合格。致密层连续十五个周期产量波动在 30% 以内为合格。

三 非自喷层

（一）录取资料

①求产方式、求产时间、工作制度；油、气、水的周期产量、日产量、累计产量，包括地层测试回收量。

②油水比。

③地层温度、地层压力，流动压力数据及曲线、压力恢复数据及曲线。

④原油、天然气、地层水样品分析数据，原油含水率、综合含水率。

⑤现场监测 H_2S 浓度情况（取样口、计量罐口、下风口等处）。

（二）录取资料要求

1. 非自喷油层、含水油层

①测液面求产：在符合套管抗挤压强度及地质条件允许范围内，尽可能降低井内回压，下压力计实测 24h 液面恢复，并用同一支压力计补测液面点两个，间隔时间不得少于 16h，或者下入同一支压力计同一深度测四个以上的液面点，间隔不少于 16h，以作出正常的产率曲线为合格。

②在允许掏空深度排液并排出井筒容积 1 倍以上或原油含水波动小于 5% 后，进行定深、定时或定压求产，取得不同工作制度下的稳定日产量；在液性稳定后，常规储层油层或含水油层稳定求产的标准按 SY/T 6293—2021《勘探试油工作规范》的规定执行。

③致密油层在液性稳定后，油层或含水油层具备连续求产条件时，试油稳定求产标准如下（求产制度稳定时），其他要求按 SY/T 6293—2021《勘探试油工作规范》的规定执行。

④不具备连续求产条件，进行定深、定时、定次、定压或流动曲线等方式求产时，除求产时间满足连续求产的要求外，求产周期也不少于 20 个，试油定产为稳定求产阶段的平均日产量。

⑤测试求产或测液面恢复求产按平均流压折算产量。

2. 非自喷油水同层

①水性符合区域规律。

②连续求得 24h 以上的产液量或测两个以上的液面点，每点间隔不少于 16h，并计算出日产量，求得累计油水比。若原油含水大于 10%，必须求得产层水性；若原油含水小于或等于 10%，证实为地层水即可。原油含水稳定要求按自喷油层、含水油层、油水同层的规定执行，求产 72h，连续三个日产量波动小于 10%，致密油层试油稳定求产标准按非自喷油层、含水油层的规定执行。

3. 非自喷水层

①排液至水性稳定，水性波动在 5% 以内，并符合区域规律。

②连续求得 24h 以上的液面恢复资料或测量两个以上的液面点，测量时间间隔不少于16h，并计算出日产量。

4. 低产层

①低产油层：井内液面降至排液标准，实测 24h 以上的液面恢复资料，或用同一支压力计下入同一深度，测两个以上的液面点计算日产量，间隔不少于 16h。

②低产水层：判断地层出水即可，有连续三个样品水性呈上升趋势。

③低产油水同层：需通过洗井计量油、水量，计算油水比。

④低产气层、低产气水同层。

⑤在液面降到应达深度后，间隔 6~8h 测两个液面点，了解液面上升情况。

⑥测 24h 井口气的畅流量，并于井筒内取样了解流体产出情况。

⑦在测气的同时必须测 24h 以上流压曲线。

5. 干层

①干层求产标准按 SY/T 6293—2021《勘探试油工作规范》中的规定执行。

②测 24h 液面恢复后，补测液面点两个，时间间隔不小于 16h。

③洗井计量出油量和出水量。

思考题

扫一扫
获取更多资源

1. 现场踏勘包含哪些内容？

2. 试气地面流程结构根据井深、储层类别、流体性质可划分为哪几大类？

3. 通井的目的是什么？

4. 清除套管内的水泥块、硬化钻井液、结蜡、积砂、水垢、毛刺等，为射孔、测试、下封隔器、延长生产井生产时间创造条件的工作，我们称为什么？

5. 按洗井液泵入油管、油套环形空间，洗井分为哪几种方式？

6. 在井口装置安装完成后为什么要对井口密封部位试压？

7. 射孔的目的是什么？其方式有哪些？

8. 二联作管柱结构（自上而下）的组成包括哪些？

9. 替喷的目的是什么？有哪几种方式？

10. 什么叫求产？为什么必须在通过各种排液方式使油水性合格后方可进行？

第四章

设备操作及保养操作项目

试油（气）设备操作专业性强，安全要求高，人员的技能操作水平高低直接关系到现场设备使用的安全。本章节主要指导员工开展关键设备、工具使用维护保养等工作，着力于提高员工的技能操作水平。

第一节　地面设备操作及保养操作项目

一　平板闸阀的保养

（一）操作步骤

1. 拆卸阀体上下部

①将闸阀横向摆放在枕木上，用46mm敲击扳手依次卸上阀盖螺母（对角卸松并留两颗）。

②用六角扳手左旋卸掉轴承套上固定销钉并用36″的管钳左旋卸松上轴承套。

③右旋（或左旋）手轮使上阀盖与闸阀本体分离。

④用内六角扳手卸掉轴承压盖上的固定销钉并用钩扳手左旋卸掉轴承压盖。

⑤右旋卸掉螺杆螺母，取出轴承。

⑥左旋卸掉上轴承套。

⑦用一字改刀（或专用扳手）左旋卸下花键背帽并取出垫圈。

⑧卸掉上阀盖。

⑨卸掉上阀盖内的密封件，卸掉上下轴承及轴承座。

⑩拔出丝杆、闸板和尾杆。

⑪用46mm敲击扳手依次卸下阀盖螺母（对角卸松并留两颗）。

⑫用36″的管钳左旋卸掉尾罩。

⑬左旋手轮使尾杆与下阀盖相分离，并取下下阀盖。

⑭取出下阀盖内的密封件。

2. 清洗更换

①检查阀座、阀板、阀杆、密封件、轴承、钢圈及钢圈槽是否损伤。

②更换变形损坏的密封件盘根、阀板及其他配件，用钢丝刷清除丝杆上的杂质和锈迹。

③对各部件进行清洗并均匀涂抹密封脂。

3. 安装阀体上下部

①用阀座扳手在法兰的两端用螺母右旋转拉住阀座（使阀座与阀板分离）。

②将阀腔上下装满密封脂。

③将阀杆、尾杆装在阀板上，放入阀体内。

④将下阀盖装入阀体上（确保钢圈进槽），将螺栓对角上紧。

⑤装上垫圈，将花键背帽右旋上紧在下阀盖上（注意检查密封件）。

⑥将尾罩用36″管钳右旋上紧在下阀盖上。

⑦将上阀盖与阀体相连（确保钢圈进槽），将螺栓对角上紧。

⑧右旋将轴承套与上阀盖连接，用六角扳手右旋将固定销钉安装上。

⑨将轴承装在阀杆螺母上，并将阀杆螺母左旋上在闸阀丝杆上。

⑩再将轴承压盖右旋上紧在轴承套上，将轴承压盖上的固定销钉安装上。

⑪装上手轮进行开关达到灵活好用。

4. 试压

①采用右旋左旋手轮使阀杆上下移动，操作灵活无卡阻现象。

②在阀板关闭的状态下，在阀座一端上紧法兰盘及试压接头。

③对阀座采用清水逐级试压至额定工作压力，稳压30min压降0.5MPa为合格。

④在阀板开启的状态下，在阀座一端上紧盲板法兰，另一端安装法兰盘及试压接头。

（二）技术要求

①平板闸阀操作手轮上标有启闭旋向标志，明杆式上部配有启闭高度标尺，以供调节指示。

②关闭平板闸阀时严禁使用加力杆，闸板关闭至顶端时手轮应回转1/2圈使闸板处于浮动状态。

③在使用平板闸阀的过程中，应定期向阀帽注脂接头注入定量润滑脂。

④在使用平板闸阀的过程中，如因易损件而泄漏，应及时更换。

⑤在检修平板闸阀的过程中，应将内腔清洗干净，组装时应将各传动部位加润滑脂。

⑥平板闸阀储存停用期间，应将闸板处于关闭位置，长期存放应置于通风干燥处，定期检查保养。

（三）注意事项

①劳保用品穿戴齐全、正确。

②正确使用工具、用具。

③操作完成后，操作工具、用具等整理归位，做到工完料尽场地清。

④做好风险识别并制订防范措施。

二 装卸压力表

（一）操作步骤

①检查需安装压力表前的闸阀是否处于关闭状态。

②压力表接头丝扣上均匀地缠绕生料带，将压力表接头安装在法兰丝扣上，并用管钳顺时针上紧。

③将截止阀的一端装上紫铜垫与压力表接头连接。确保截止阀的方向"长进短出"。

④在小直角公扣上均匀缠绕生料带，并与截止阀的另一端用扳手连接（确保小直角的另一端方向朝上）。

⑤在截止阀的另一端装上紫铜垫，将压力表与截止阀连接并用扳手上紧（表盘方向处于便于观察读取的方向）。

⑥检查确保泄压孔处于关闭状态。

⑦读数时要正视前方，目光与压力表表盘指针保持同一水平线。

⑧根据压力表量程，确定每刻度线所代表的压力。

⑨若压力不稳，指针摆动，应多读取几次（即读取指针的最大值和最小值），取平均值。

（二）卸压力表操作步骤

①关闭压力表前的闸阀。

②关闭截止阀。

③开启截止阀泄压孔。

④卸压力表。

⑤开启截止阀泄掉闸阀后的压力。

⑥依次卸掉截止阀、小直角、表接头。

⑦对截止阀螺纹进行润滑保护。

（三）技术要求

①压力表应装在便于观察处。

②压力表要独立安装，不应和其他串联安装。

③使用专用工具进行拆卸，严禁使用手扳表盘进行上卸。

④压力表装置校验和维护应符合国家计量部门的规定。

⑤压力表与截止阀之间必须使用铜垫进行调节密封。

⑥压力表有下列情况之一者，应停止使用：

a. 表面玻璃破碎或表盘刻度模糊不清。

b. 铅封损坏或超过校验有效期限。

c. 其他影响压力表准确的缺陷。

（四）操作注意事项

①劳保用品穿戴齐全、正确。

②正确使用工具、用具。

③操作完成后，操作工具、用具等整理归位，做到工完料尽场地清。

④做好风险识别并制订防范措施。

三　检查更换油嘴操作

（一）操作步骤

①关闭生产闸阀或关闭上游闸阀，倒换管线。

②泄掉需更换油嘴管线的压力。

③卸掉丝堵取出油嘴。

④检查油嘴尺寸、状态等是否符合要求尺寸，如不符合要求则更换符合尺寸的油嘴。

⑤装上油嘴、丝堵。

⑥开启闸阀恢复生产。

（二）技术要求

①关闭生产闸阀或关闭上游闸阀，倒换管线。

②泄掉需更换油嘴管线的压力。

③卸掉丝堵取出油嘴；检查油嘴尺寸状态等是否符合要求尺寸，如不符合要求则更换符合尺寸的油嘴。

④油嘴更换完成后通知放喷口进行缓慢倒管线。

⑤必须在明细位置记录油嘴尺寸。

（三）注意事项

①劳保用品穿戴齐全、正确。

②正确使用工具、用具。

③操作完成后，操作工具、用具等整理归位，做到工完料尽场地清。

④做好风险识别并制订防范措施。

四　摆放、丈量、计算油管累计长度

（一）操作步骤

①油管架高 30cm，支点不少于 3 个，距井口 2m 左右，摆放在坚固平整的地面上。

②油管架下，铺设防渗布并安装围堰；将油管排在油管架上，每10根一组摆放整齐，用油漆按顺序编号。

③用钢卷尺丈量油管并记录在记录本上。

④复核单根油管尺寸，计算油管累计长度。

（二）技术要求

①严格按操作标准规范执行操作。

②正确丈量并计算。

③油管桥架不少于三个支点，并离地面高度不小于300mm。

④测量使用10m以上钢卷尺，测量三次累计时复核误差每1000m小于0.20m。

（三）注意事项

①劳保用品穿戴齐全、正确。

②正确使用工具、用具。

③操作完成后，操作工具、用具等整理归位，做到工完料尽场地清。

④做好风险识别并制订防范措施。

五 液动平板阀控制系统操作

（一）操作步骤

①关闭液控柜泄压阀。

②开启储能器截止阀。

③三位四通阀扳至中位启动检查；启动开关，实时观察系统压力情况，将三位四通阀扳至开位。

④密切观察开位压力表缓慢升至10.5MPa。

⑤检查液控管线，确保无渗漏。

⑥检查液控平板阀，应处于开位；将三位四通阀扳至关位；观察压力表缓慢升至10.5MPa。

⑦检查液控管线无渗漏。

⑧检查液动平板阀应处于关位。

（二）技术要求

①接通电源必须保证电机转现与标注一致。

②连接地线保证接地电阻符合要求。

③试运行打压保证压力为21MPa时电机能够自动停止，低于15MPa时能够自动打压。

④连接管线试开关，并且贴上标签标识。

（三）注意事项

①劳保用品穿戴齐全、正确。
②正确使用工具、用具。
③操作完成后，操作工具、用具等整理归位，做到工完料尽场地清。
④做好风险识别并制订防范措施。

六 安装法兰盘操作

（一）操作步骤

①用棉纱清洗钢圈、钢圈槽并检查其密封面情况，清洗连接螺栓，检查润滑情况。
②在固定端法兰的钢圈槽内均匀涂抹黄油、安装钢圈。
③安装法兰盘，使其与固定端法兰在同一水平面上，对接法兰盘使钢圈进槽，对齐螺孔，穿入螺杆、戴齐螺帽。
④用敲击扳手、榔头对角敲击、紧固螺栓。
⑤检查法兰盘间隙、螺杆两端出帽情况。

（二）技术要求

①严格按操作标准规范操作。
②钢圈尺寸、规格型号符合设计要求。
③装配完成按要求试压合格。

（三）注意事项

①劳保用品穿戴齐全、正确。
②正确使用工具、用具。
③操作完成后，操作工具、用具等整理归位，做到工完料尽场地清。
④做好风险识别并制订防范措施。

七 远程点火装置操作

（一）操作步骤

①检查确保电源及其附件齐全完好将旋钮扳至外电源。
②将点火方式开关扳至自动点火。

③点火装置开始正常工作。

④将点火方式开关扳至停止点火。

⑤工作完毕关闭电源。

（二）技术要求

①接通电源。

②连接地线保证接地电阻符合要求。

③开关开到自动位置时点火器能够自动点火。

④开关开到手动位置时按下点火开关点火器能够点火。

⑤不用时断电，控制柜做好防雨防潮措施。

（三）注意事项

①劳保用品穿戴齐全、正确。

②正确使用工具、用具。

③操作完成后，操作工具、用具等整理归位，做到工完料尽场地清。

④做好风险识别并制订防范措施。

八 带压更换丹尼尔流量计孔板

（一）操作步骤

①开启防爆排风扇，使其正对丹尼尔流量计。

②确认泄压阀关闭。

③开启平衡阀。

④开启滑阀。

⑤将孔板摇至上腔。

⑥关闭平衡阀。

⑦关闭滑阀。

⑧开启阀腔泄压。

⑨取孔板。

⑩装孔板（喇叭口朝下游方向）。

⑪装压板（对角方式上紧）。

⑫关闭泄压阀。

⑬开启平衡阀。

⑭开启滑阀。

⑮将孔板摇至下腔。

⑯关闭滑阀。

⑰关闭平衡阀。

⑱开启泄压阀泄压。

⑲关闭泄压阀。

（二）技术要求

①操作人员必须熟悉和掌握各项操作步骤方可作业。

②保证设备运行正常后，方可进行作业。

③对于高含硫的作业井，操作人员必须配备 H_2S 报警仪，穿戴正压式空气呼吸器。

④至少需要两人配合作业。

⑤有一名操作人员在紧急关断系统 ESD 前待命，出现紧急情况随时关井。

（三）注意事项

①劳保用品穿戴齐全、正确。

②正确使用工具、用具。

③操作完成后，操作工具、用具等整理归位，做到工完料尽场地清。

④做好风险识别并制订防范措施。

九 更换闸阀操作

（一）操作步骤

①先开启另一条测试通道，关闭需更换闸阀前的通道。

②泄掉要更换的闸阀通道上的压力。

③卸掉要更换闸阀的上下游连接件。

④吊装更换的闸阀。

⑤检查闸阀的手轮开关灵活度、钢圈槽是否损伤。

⑥清洗钢圈、钢圈槽和螺栓。

⑦吊装到位，安装闸阀，法兰之间的间隙一致，螺栓两端出头一致（2~3 扣）。

⑧恢复闸阀上下游连接件连接。

⑨采用清水试压至额定工作压力进行验漏，稳压 30min，压降小于 0.5MPa 为合格。

（二）技术要求

①进行泄压操作，观察压力指示，确认压力显示回零；在整个阀门更换过程中，放空阀应保持全开状态。

②如阀门使用介质为含硫时作业过程中必须佩戴空气呼吸器。

③作业时，严禁带压操作。

④根据阀门型号、螺栓规格、介质，选取合适的备用物资。

⑤根据现场确认结果，选取合适的阀门。

⑥拆卸法兰，对称松开法兰上的螺栓，根据阀门螺栓数量，对称预留2~4个。确定无介质，再拆除剩余螺栓。注意：作业人员不能正对法兰面。用撬杠轻轻撬开法兰面。

⑦取出垫片，挪出旧阀门，清理两边管线法兰面，检查法兰面有无损伤，确认是否更换。

⑧更换阀门，放入新阀门。注意：如果是截止阀或单向阀等有方向要求的阀门，须按阀体上标示方向安装，更换垫片，对称穿上螺栓，对称上紧螺栓，再将螺栓均匀预紧一遍。

（三）注意事项

①劳保用品穿戴齐全、正确。

②正确使用工具、用具。

③操作完成后，操作工具、用具等整理归位，做到工完料尽场地清。

④做好风险识别并制订防范措施。

十　水套加热炉启动的操作

（一）操作步骤

①加水至水箱高度2/3处。

②接通电源。

③开启油路开关。

④低挡位启动延时3~5min点火稳定后调节挡位为高挡。

⑤调节温度控制器在60~80℃区间内。

⑥在区间内设置进行保温。

⑦按照三定进行巡检，记录开机时间、燃油耗量。

（二）技术要求

①新投用的水套加热炉必须有产品合格证，在安全部门和生产部门进行登记。

②长期停用又重新启用的水套加热炉必须由安全部门授权的单位进行内外部检验，合格后方可投入使用。

③使用前必须检查水套加热炉各部件及附件（压力表、水位表、安全阀、火嘴、阀门）。安全阀、压力表必须有有效的强检校验标志，安全阀要依据设计定压。液位计应有指示最高最低安全水位的明显标志。

④检查水位应在液位计显示范围的1/2~2/3。水位在最低安全水位标志以下时，应加

水。超过最高安全水位标志时应放掉多余部分的水。

⑤检查确认天然气有无控制，供气管线无泄漏，供气阀门灵活好用。

⑥检查供气压力是否正常，打开天然气放空阀门，放空，天然气出气稳定后关闭放空阀门。

⑦检查确认水套加热炉连接部件安装可靠，无渗漏并倒好进出口的流程，确保液流畅通。

⑧检查确认炉火关闭，侧身打开加热炉放空阀门，缓慢放掉水套炉内的压力，压力降为零后再打开加水阀门加水。

⑨液位到规定位置后，停止加水，关闭加水阀门和放空阀门。

⑩点火前检查确认供气阀门关闭，不漏气。打开望火孔，调整挡风板通风 5min 以上，使炉膛内余气排出。

⑪关闭挡风板后点火，点火时人要站在侧面部位，先点火后开气，开气时人要背对加热炉。

⑫火点燃后，要先小火预热 5min，然后调整调节阀门加大炉火。

⑬根据加热液体、气体的数量及使用的水套加热炉型号控制炉火大小，并根据风向，调整挡风板。顺风时调小挡风板，逆风时调大挡风板。

⑭通过逐步调节使水套炉火势适当，火焰呈橙红色，燃烧正常。

（三）注意事项

①劳保用品穿戴齐全、正确。
②正确使用工具、用具。
③操作完成后，操作工具、用具等整理归位，做到工完料尽场地清。
④做好风险识别并制订防范措施。

十一　卧式（两相）分离器的操作

（一）操作步骤

①检查排污管道、排气管道，确保管道畅通；关闭分离器排污阀。
②检查启动分离器。
③控压：倒入前控制压力低于 9.8MPa。
④倒分离器至旁通状态。
⑤开启管汇闸阀。
⑥通过分离器旁通放喷。
⑦正常后倒入分离器。
⑧关闭旁通。

⑨观察分离器压力、液位、排液情况。

⑩当液位高于 30cm 时排污，计量排液量，记录排液量、压力、温度、排液时间、气产量等数据。

（二）技术要求

①分离器压力应控制在 0.8MPa 以下，不能超压运行，当分离器压力超过 0.8MPa 时，应打开除油器压力调节阀的旁通阀手动调节压力，使压力控制在 0.8MPa 以下。

②观察液位变化情况，分离器液位应控制在 40~75cm，当液位低于 40 cm 时分离器出口电动阀应处于全关状态，当液位高于 75 cm 时分离器出口电动阀应处于全开状态。

③应随时观察和监控分离器的温度、压力和液位，每隔 1h 进行一次巡回检查，对室内仪表和现场仪表显示进行核对，并进行适当调节。

④每隔 2h 记录一次温度、压力。

（三）注意事项

①劳保用品穿戴齐全、正确。

②正确使用工具、用具。

③操作完成后，操作工具、用具等整理归位，做到工完料尽场地清。

④做好风险识别并制订防范措施。

十二 临界速度流量计孔板更换操作

（一）操作步骤

①关闭测试管线。

②检查确保管线上压力归零。

③拆卸流量计上附件（如压力表、温度计）。

④拆卸流量计压帽、取出孔板；清洗、检查孔板。

⑤安装孔板（孔板喇叭口朝下游方向）、上压帽。

⑥安装压力表、截止阀、温度计、油管压板等附件。

⑦记录孔板尺寸。

⑧开启测试闸阀正常测试。

（二）技术要求

①关闭测试管线，检查管线压力是否归零。

②拆卸流量计附件、压帽、孔板，清洗检查孔板尺寸，安装孔板、流量计附件，记录孔板尺寸。

③开启测试管线求产。

（三）注意事项

①劳保用品穿戴齐全、正确。
②正确使用工具、用具。
③操作完成后，操作工具、用具等整理归位，做到工完料尽场地清。
④做好风险识别并制订防范措施。

十三 临界速度流量计安装

（一）操作步骤

①清理流量计丝扣，连接上游管线、拆卸流量计。
②保养检查流量计。
③安装垫片与孔板（喇叭口朝下游方向）。
④连接压帽。
⑤连接下游管线。
⑥安装截止阀。
⑦安装压力表。
⑧安装温度计。
⑨记录数据。

（二）技术要求

①临界速度测气装置孔板前端应接 1 根 9m 左右的与流量计通径一致的油管。
②临界速度测气装置现场安装要求水平，孔板喇叭口应朝着下游方向。
③现场使用时，气流应呈临界状态，即满足下流压力 ÷ 上流压力 ≤0.546。

（三）注意事项

①劳保用品穿戴齐全、正确。
②正确使用工具、用具。
③操作完成后，操作工具、用具等整理归位，做到工完料尽场地清。
④做好风险识别并制订防范措施。

十四　垫圈流量计安装

（一）安装步骤

①清洗流量计丝扣。

②连接上游管线。

③拆卸流量计。

④保养检查流量计。

⑤安装垫片与孔板（喇叭口朝下游方向）。

⑥连接压帽；向 U 形管注入清水。

⑦连接 U 形管：一端与流量计相连接，另一端与 U 形管相连接。

⑧在流量计上插入温度计。

⑨记录孔板尺寸。

（二）技术要求

①熟悉垫圈流量计结构原理。

②严格按标准规范操作。

（三）注意事项

①劳保用品穿戴齐全、正确。

②正确使用工具、用具。

③操作完成后，操作工具、用具等整理归位，做到工完料尽场地清。

④做好风险识别并制订防范措施。

十五　压力表的现场校正法

（一）操作步骤

1. 归零法校正法

①检查确保压力表完好无损坏。

②确保要校正的两只压力表的量程、级别相同。

③读取记录压力表值相差在压力表总量程 ±0.4% 为合格。

④关闭压力表截止阀。

⑤开启泄压阀泄压。

⑥观察压力表归零。

2.互换法校正法

①检查确保两只压力表完好无损坏。

②记录相关数据。

③互换压力表。

④记录相关数据。

⑤进行两次数据对比，比较两者差距，精密压力表误差在总量程 ±0.4% 为合格，超出范围则需更换压力表。

（二）技术要求

①在拆卸压力表时先关闭截止阀，缓慢打开泄压孔泄压，泄压完成后卸下压力表。

②选择压力级别、精度相同、检验合格的压力表，按照规范在需要校正的压力表处上紧，关闭泄压孔，缓慢打开截止阀，防止打开过快损坏压力表，读取数据与上只压力表进行对比。

（三）注意事项

①劳保用品穿戴齐全、正确。

②正确使用工具、用具。

③操作完成后，操作工具、用具等整理归位，做到工完料尽场地清。

十六 更换油管悬挂器密封件操作

（一）操作步骤

①将悬挂器平放至宽敞的地方，并用垫木进行铺垫。

②用内六角扳手将主副密封的内六角螺丝取出。

③用木棒或铜棒将副密封的压环轻轻敲出，再将压帽、密封件依次取出。

④取主密封件的操作按照取副密封件的工序取出。

⑤将悬挂器本体清洗干净。

⑥清洗完毕后将悬挂器擦干，并在主副密封的本体上均匀涂抹一层黄油。

⑦检查确保悬挂器上下连接扣完好、本体完好、通径畅通。

⑧检查油管头的台阶及密封面有无损伤。

⑨安装主密封件：将垫环放进油管悬挂器本体后依次再放金属密封件、压帽，将木棒或铜棒依次敲紧，最后将压环上紧后用内六角螺丝将压环固定。

⑩安装副密封件按照安装主密封件方法进行。

（二）技术要求

①悬挂器总成必须放置于平整木板或胶垫上。

②拆卸过程使用专用工具。

③拆卸过程严禁敲击金属密封面，以免造成密封面损坏。

④安装前保证悬挂器总成完好，表面光滑密封部无损伤。

⑤更换安装完成后表面涂保护油，使用保护罩保护。

（三）注意事项

①劳保用品穿戴齐全、正确。

②正确使用工具、用具。

③操作完成后，操作工具、用具等整理归位，做到工完料尽场地清。

④做好风险识别并制订防范措施。

十七　油管接头辨识、丈量、与组配

（一）操作步骤

①逐个辨认变扣接头。

②登记各接头型号；丈量变扣接头 $3\frac{1}{2}''$ NU–P $\times 3\frac{1}{2}''$ EUE‑B 并记录相关数据。

③组配 $2\frac{7}{8}''$ NU –P $\times 3\frac{1}{2}''$ NU‑B。

④组配 $2\frac{7}{8}''$ NU –P $\times 2\frac{7}{8}''$ NU‑B。

⑤组配 $2\frac{7}{8}''$ EUE–P $\times 3\frac{1}{2}''$ EUE‑B。

（二）技术要求

①必须保证丝扣扭向一致。

②上扣时不得强行操作，防止丝扣损坏。

③组配完成后通径必须一致。

（三）注意事项

①劳保用品穿戴齐全、正确。

②正确使用工具、用具。

③操作完成后，操作工具、用具等整理归位，做到工完料尽场地清。

十八　捕屑器除砂操作

（一）操作步骤

①检查安装固定是否符合标准。

②确保本体各部件完整。

③堵头、由壬帽,各部位螺栓紧固。

④管线试压合格。

⑤截止阀及压力表连接完好并处于开启状态。

⑥倒入验通。

⑦关闭捕屑器工作筒进出口平板阀。

⑧开启捕屑器中间直通平板阀。

⑨流体从捕屑器经过上下流压力一致,无节流现象。

⑩开启捕屑器工作筒进出口平板阀。

⑪关闭捕屑器中间直通平板阀。

⑫流体从捕屑器工作筒经过上下流压力一致,无节流现象。

⑬在做好安全防护的情况下(防硫、防高压),开启滤满砂的滤筒本体上进出口截止阀并泄压完全。

⑭将吊装支架安装好后,套在由壬帽上,拧紧限位套螺钉。

⑮拧开由壬帽外的挡板,拧开由壬帽。

⑯重新上紧挡板。

⑰连接好有冲击锤的冲击杆。

⑱用冲击锤撞击冲击杆直到滤管退出。

⑲倒出砂后,清洗干净滤管和滤筒内腔。

⑳检查确保所有 O 形圈完好后,涂抹密封脂,装回滤管(注意:一定要保证滤管底部与滤筒底部接触,否则会出现漏砂,若发现无法与滤筒底部接触时,可调节堵头与滤管螺纹长度使之与滤筒底部接触)。

㉑上好堵头、由壬帽、挡板,取下冲击杆,拧紧泄压阀。

㉒试压密封完好后,进入工作预备状态。

㉓流体从工作筒到备用筒。

㉔开启捕屑器备用筒进出口平板阀。

㉕关闭捕屑器工作筒进出口平板阀。

㉖流体从捕屑器工作筒经过上下流压力一致,无节流现象。

(二)技术要求

①拆卸捞筒时倒好流程管线,卸掉余压。

②拆除捞筒堵头必须由两人配合,防止掉落造成人员伤害。

③滤筒必须洗干净。

④保证堵头密封件完好。

(三)注意事项

①劳保用品穿戴齐全、正确。

②正确使用工具、用具。

③操作完成后，操作工具、用具等整理归位，做到工完料尽场地清。

④做好风险识别并制订防范措施。

十九　除砂器除砂操作

（一）操作步骤

①泄压。

②关闭备用砂筒出入口闸阀。

③直接开启备用砂筒排污闸阀，通过慢开其后面的针形阀缓慢泄掉筒体压力。

④用活动扳手开启砂筒本体截止阀再次泄压，确保泄压完全。

⑤观察备用砂筒本体压力表归零。

⑥砂筒排砂。

⑦在砂筒顶盖螺孔处上两颗螺杆，用套筒将顶盖逆时针扳松，随后卸掉。

⑧吊顶盖：用吊带拴住压帽提环，并挂在葫芦铰链挂钩上，轻轻增大葫芦铰链的上提力，直至压帽向上运动且O形圈失封，为了让压帽自由活动可以采用铁锤敲打的办法。

⑨O形圈失封后，直至可以自由活动。

⑩开启砂筒压帽，取走铰链吊带。

⑪取走滤网止退环。

⑫敲开排污管线的盲板法兰，使用大盆预备接砂。

⑬利用洗车泵冲洗滤网和砂筒，直至滤网和砂筒清洗干净为止，然后计算出砂量。

⑭将钢丝绳套连接到滤网提升把手上，上提滤网，提升过程中检查是否有裂开或破损的地方。

⑮一旦滤网由砂筒中完全提出，可以使用洗车泵冲洗砂筒，直至砂筒清洗干净为止。

⑯倒空的滤网应内外仔细清洗干净，并目测检查内部是否有裂纹等问题。

⑰将重新换好密封件的滤网装回砂筒中，再将排污管线的盲板法兰重新装上。

⑱安装滤网止退环；确保止退环安装正确，孔和砂筒入口对齐。

⑲将铰链吊带连到重新换好密封件的砂筒压帽上，将压帽安装到砂筒上，并在其密封部位均匀涂抹一层黄油。

⑳一旦压帽对齐了，用榔头敲击压帽，不要夹伤密封圈。

㉑用钢丝刷和棉纱清洁顶盖连接丝扣，并涂上黄油；顺时针方向上拧顶盖，注意继续敲击压帽，直至上到位为止。

㉒关闭排污阀后面的针形阀和用于泄压的截止阀。

（二）技术要求

①关闭备用砂筒出入口闸阀。

②直接开启备用砂筒排污闸阀，通过慢开其后面的针形阀缓慢泄掉筒体压力。

③用活动扳手开启砂筒本体截止阀再次泄压。

④观察备用砂筒本体压力表是否归零，确保泄压完全。

⑤开启砂筒压帽，取走铰链吊带和滤网止退环。

⑥敲开排污管线的盲板法兰，使用大盆预备接砂。

⑦利用洗车泵冲洗滤网和砂筒，直至滤网和砂筒清洗干净为止，然后计算出砂量。

⑧将钢丝绳套连接到滤网提升把手上，上提滤网，提升过程中检查是否有裂开或破损的地方。

⑨一旦滤网由砂筒中完全提出，可以使用洗车泵冲洗砂筒，直至砂筒清洗干净为止。

⑩倒空的滤网应内外仔细清洗干净，并目测检查内部是否有裂纹等问题。

（三）注意事项

①劳保用品穿戴齐全、正确。

②正确使用工具、用具。

③操作完成后，操作工具、用具等整理归位，做到工完料尽场地清。

④做好风险识别并制订防范措施。

二十　应急发电机操作

（一）操作步骤

①检查海洋王发电机的线路连接是否正确，油料在油标尺的 1/3 以上，机油无变质，在油标尺的刻度线上，并达到要求。

②检查确保其配件齐全，无损坏。

③检查完毕后将海洋王灯安装在升降架上并连接电线主线，调整其照明方向应在不同的方位。

④将升降架缓慢地竖立垂直于海洋王侧并与固定孔锁住。

⑤检查确保发电机开关置于 OFF 挡位，可靠接地，检查机油油位，检查燃油、空滤是否合格。

⑥将燃油阀置于 ON 位置、在冷机启动时将阻风门杆扳到 CLOSE 位置、发动机开关置于 ON 位置。

⑦手拉启动，升温后恢复阻风门杆。

⑧正常后开启电源负荷开关。

⑨外拉操作钮升降架应缓慢地上升。

⑩用遥控器控制灯具开关。

⑪关闭电源，外拉操作钮升降架应缓慢地下降。

⑫卸掉电线连接主线及海洋王灯架。

⑬操作固定按钮，将升降架缓慢地水平放置于海洋王发电机上。

⑭关闭电源总开关，将相关配件摆放整齐。

（二）技术要求

①发电机放置在平整地面。

②检查燃油、润滑油是否符合要求。

③接地操作保证符合规范要求。

④电源开关工作正常。

⑤发电机运行平稳后方可供电。

（三）注意事项

①劳保用品穿戴齐全、正确。

②正确使用工具、用具。

③操作完成后，操作工具、用具等整理归位，做到工完料尽场地清。

④做好风险识别并制订防范措施。

二十一 应急清水泵的使用操作

（一）操作步骤

①清水泵放置平稳、检查清水泵开关是否置于 OFF 挡位。

②检查机油油位确保正常，检查燃油、空滤，确保吸水管注满清水，检查吸水管确保牢固安装到位。

③将发动机开关置于 ON 位置、气门扳到开启位置。

④开启油路开关、微微调大转速。

⑤拉动拉绳启动。

⑥启动后风门调至右边缓慢提高转速抽水。

⑦使用中做好巡查，如有异响立即停机检查，排除故障后方可重启。

⑧停机时先降低转速，再关闭油路，最后将电源开关拨至 OFF 处停机。

（二）技术要求

①抽水泵放置在平整地面。

②检查燃油、润滑油是否符合要求。

③启动前泵内灌注满清水。

④连接管牢靠，保证密封性。

⑤出水口流出液体后方可加大油门进行抽水。

⑥使用中做好巡查，如有异响立即停机检查，排除故障后方可重启。

（三）注意事项

①劳保用品穿戴齐全、正确。

②正确使用工具、用具。

③操作完成后，操作工具、用具等整理归位，做到工完料尽场地清。

④做好风险识别并制订防范措施。

二十二　三相分离器启动操作

（一）操作步骤

①启动前检查液位控制器、液位控制阀、气动排液阀等是否灵活好用，进入分离器前应控制压力不超过 9.3MPa。

②先开旁通阀，待流体进入分离器稳定后关闭旁通阀，调整分离器回压使分离器工作压力保持在 0.35~2.8 MPa。

③调液位控制阀使其液位控制在液位计 80% 以下。

④用专用扳手将选定的孔板摇入丹尼尔流量计下腔，确定回压压差不得超过 2.8MPa。开启传感器和记录仪开关，分离器液位计液面到达设定液位的 30%~80% 时自动开关排液。

⑤正确记录液、气、油的产量、温度、压力等数据。

（二）技术要求

①抽水泵放置在平整地面。

②检查燃油、润滑油是否符合要求。

③启动前泵内灌注满清水。

④连接管牢靠，保证密封性。

⑤出水口流出液体后方可加大油门进行抽水。

⑥使用中做好巡查，如有异响立即停机检查，排除故障后方可重启。

（三）注意事项

①劳保用品穿戴齐全、正确。

②正确使用工具、用具。

③操作完成后，操作工具、用具等整理归位，做到工完料尽场地清。

④做好风险识别并制订防范措施。

（一）操作步骤

①检查固定。

②清洗丝扣。

③检查本体及丝扣损伤情况。

④固定油嘴套在操作台上，油嘴套入口端朝外，便于安装油嘴套芯。

⑤油嘴套芯子公扣端缠绕生料带。

⑥丝扣上涂抹适量黄油。

⑦油嘴套芯油嘴丝扣一端送入油嘴套内紧固到位。

⑧取下组装好的油嘴套。

（二）技术要求

①保证所有部件丝扣完好。

②安装油嘴套芯时分清进出口方向。

③丝扣连接部位需缠绕密封带。

④组装完成后需要保养存储备用。

（三）注意事项

①劳保用品穿戴齐全、正确。

②正确使用工具、用具。

③操作完成后，操作工具、用具等整理归位，做到工完料尽场地清。

④做好风险识别并制订防范措施。

二十四　空呼压缩机的使用与操作

（一）操作步骤

①检查确保机体可靠接地。

②检查确保机油油位及状态符合要求。

③检查电机正反转是否正确，不正确应更正。

④检查确保充气头 O 形圈配套齐全。

⑤安装好后先开启所有冷凝水排放阀门。

⑥机器运行后，先关闭充气头并运行至最终压力，检查最终压力安全泄压阀及压力表是否正常。

⑦确认正常后排水。

⑧充气头连接气瓶，注意检查确保充气头上的 O 形圈完好。

⑨充气前先开充气头再开气瓶（逆时针）进行充气，充气完毕后先关气瓶（顺时针）再关充气头（逆时针）。

⑩充气中每隔一段时间（一般为 15min）拧开放气放水阀放掉废气水，充气中气瓶会发热，冷却气瓶会使充气效果更好。

⑪可连续充气，不关机的情况下更换气瓶。

⑫充气后关机断电，放掉废气废水，泄掉汽缸内压力并保留 5~8MPa 的压力，检查确保机油位于机油尺寸凹槽的中部。

（二）技术要求

①检查电源开关是否符合要求，保证接地电阻符合规范。

②检查润滑油、排水阀是否畅通、检查 O 形密封圈是否完好。

③气瓶是否放置在保护架内。

④检查各连接部位是否漏气。

⑤充气完成后先关闭气泵电源，再关闭气瓶开关。

（三）注意事项

①劳保用品穿戴齐全、正确。

②正确使用工具、用具。

③操作完成后，操作工具、用具等整理归位，做到工完料尽场地清。

④做好风险识别并制订防范措施。

第二节　流体取样与分析

一　现场常规取气样操作

（一）操作步骤

①关闭流量计截止阀。

②开启截止阀泄压孔泄压。

③拆卸压力表。

④检查、清理取样接口丝扣并缠绕生料带、均匀涂抹黄油。

⑤安装取样接头。

⑥关闭截止阀泄压孔。

⑦连接乳胶管。

⑧取样瓶装满水并倒置在水中。

⑨缓慢开启取样截止阀，排出死气 1~2min。

⑩取气样，将乳胶管插入倒立取样瓶内约 5cm，待天然气把瓶中的清水排出至样瓶容积 1/3 时，立即取出乳胶管，在水中用胶塞塞紧瓶口，将取气瓶倒立，拿出水面，倒立放置于安全位置。

⑪关闭截止阀。

⑫拆卸取样接头。

⑬安装压力表。

⑭填写气样标签。

（二）技术要求

①缓慢开启取样截止阀，排出死气 1~2min。

②取气样，将乳胶管插入倒立取样瓶内约 5cm，待天然气把瓶中的清水排出至样瓶容积 1/3 时，立即取出乳胶管，在水中用胶塞塞紧瓶口，将取气瓶倒立，拿出水面，倒立放置于专用取样箱内安全位置。

③并且按照要求填写取样标签。

④夜间不宜进行取样操作。

（三）注意事项

①劳保用品穿戴齐全、正确。

②正确使用工具、用具。

③操作完成后，操作工具、用具等整理归位，做到工完料尽场地清。

④做好风险识别并制订防范措施。

二 测压井液密度

（一）操作步骤

①检查密度计表面是否变形或残缺。

②校正密度计，方法是将密度计量杯灌满清水，慢慢旋转杯盖并盖好，擦去杯盖周围溢出的水，将密度计放在支架上，支架座要平，移动游码放到刻度"1"的位置。

③密度计校正合格后，倒掉清水，装上待检验压井液，慢慢旋转杯盖并盖好，擦掉量杯外溢出的液体，放在支架上，移动并调整游码，当水平尺气泡在中间时，读出内侧所示

刻度值即为压井液密度。

（二）技术要求

①密度计必须使用清水校验是否合格。
②测密度时必须搅拌排净混合在泥浆内的气泡。
③支座必须放置于平整地面或桌面。
④测量结束后将所有器具清洗并擦拭干净。

（三）注意事项

①劳保用品穿戴齐全、正确。
②正确使用工具、用具。
③操作完成后，操作工具、用具等整理归位，做到工完料尽场地清。
④做好风险识别并制订防范措施。

三 测压井液黏度

（一）操作步骤

①测定压井液黏度，检查确保黏度计表面无变形或残缺。
②校正黏度计，将黏度计漏斗垂直拿到手中，食指堵住漏斗出口，将 500mL 量杯中的清水倒入漏斗中。
③把 200mL 量杯清水倒入漏斗中，漏斗总量有 700mL 清水。把 500mL 量杯口朝上，看好时间，松开手指，流量 500mL 所用时间为 15.0s ± 0.2s 为合格。
④测定压井液黏度，将漏斗垂直拿在手中或垂直固定在支架上。
⑤用手指堵住漏斗出口，量好 700mL 压井液后，移动手指，同时启动秒表，读出压井液流满 500mL 所需要的时间即为所测液体的黏度。

（二）技术要求

①测黏度时必须保证漏斗液量。
②计时与测量由一人完成。
③测量结束后将所有器具清洗并擦拭干净。

（三）注意事项

①劳保用品穿戴齐全、正确。
②正确使用工具、用具。
③操作完成后，操作工具、用具等整理归位，做到工完料尽场地清。

④做好风险识别并制订防范措施。

四 取油样

（一）操作步骤

①检查流程，确保井口流程无"跑、冒、滴、漏"现象。

②检查取样阀是否完好，能否满足取样要求。

③取样前观察风向。

④取样时人应站在上风口。

⑤对取样阀（考克）进行清洁。

⑥缓慢打开取样阀、放尽死油头。

⑦关闭取样阀。

⑧取样：缓慢打开取样阀进行取样（所取油样不允许1次取完，至少分3次，每次间隔不少于5min，根据化验要求，采集满足化验要求的油样数量）。

⑨关闭取样阀，擦净取样瓶与取样阀（考克）上的残油，盖好瓶盖。

⑩填写标签，清理场地，规范填写标签；清洁现场，收拾工具。

（二）技术要求

①严格按标准规范操作。

②油样标签内容完整齐全。

（三）注意事项

①劳保用品穿戴齐全、正确。

②正确使用工具、用具。

③操作完成后，操作工具、用具等整理归位，做到工完料尽场地清。

④做好风险识别并制订防范措施。

五 原油含水测定

（一）操作步骤

①用平底烧杯称取一定数量的新鲜油样，称样多少视油中含水高低而定，原则是以蒸出的水量不超过10mL为限。若含水小于5%时，取样100g；含水5%~10%时，取样50g；含水10%~30%时，取样20g；含水大于30%时，取样10g。

②向装有称好样品的平底烧杯中加入适量的无水汽油稀释油样。低黏度油样一般加入

50mL，高黏度高含水油样可适当增加汽油量至 100mL，并且加入后用玻璃棒搅拌均匀。

③将用无水汽油稀释好的样品油倒入圆底烧瓶中，并且要将平底烧杯内的残余油用少许汽油清洗后，也倒入烧瓶内。

④将 3~4 个玻璃球放入圆底烧瓶中（防止加热时突沸）。

⑤用变向卡将万能夹固定在三角支架上，然后将直形冷凝管和接收器连接好，用万能夹将直形冷凝管固定。

⑥电炉放在三角支架上，电炉上放上石棉网，其上再放上圆底烧瓶，并将它与接受器连接。

⑦遵循低进高出的原则，连接直形冷凝管循环水胶管，并使冷凝管及进口胶管内充满冷却水。

⑧插上电炉插头，打开电源，给圆底烧瓶加热，使瓶内的原油样品沸腾，蒸发出原油中所含水分。水蒸气在冷凝管内壁凝聚成水珠，而后流入接收器。加热速度以每秒钟自冷凝管下口滴 3~4 滴为宜。加热直至冷凝管玻璃壁上无水珠，接收器中水量不再增加时为止。

⑨关闭电源，拔下电炉插头，停止加热。待接收器内的水温降至室温时，读出接收器内的水平面刻度，即为水量。

⑩将仪器卸下，烧瓶等玻璃仪器用汽油清洗干净放好，备下次使用。

⑪计算原油含水率。

⑫清洁现场，收拾工具。

（二）技术要求

①严格按标准规范操作。

②油样标签内容完整齐全。

③做好环境保护工作。

（三）注意事项

①正确使用工具、用具；

②操作完成后，操作工具、用具等整理归位，做到工完料尽场地清；

③做好风险识别并制订防范措施。

六 高压物性取气样

（一）操作步骤

①检查确保取样气瓶、截止阀、管线完好。

②节流控压保证节流管汇出口截止阀处压力在 3~5 MPa（满足气体检测要求即可）范围内。

③连接取样管线。将取样装置一端与管汇台截止阀连接，另一端与钢瓶进口的角式阀连接。

④试漏：关闭管汇台截止阀，用洗衣粉（或肥皂水）对取样装置、管线、接头、开关进行检查，开启出口处的直通阀，泄掉钢瓶内气体后，关闭直通阀。

⑤排空气：先打开取样钢瓶上两端的角式阀和直通阀以及管汇台上的截止阀，缓慢开启取样装置上的控制阀，排尽钢瓶中的空气。

⑥取样：缓慢开启管汇台上的截止阀，观察钢瓶压力，缓慢关闭取样钢瓶出口处的直通阀，让钢瓶内充满一定压力的气体后（控制压力在钢瓶安全工作压力 80% 范围内）再关闭管汇台上的截止阀，然后依次关闭取样装置上的控制阀及钢瓶截止阀，结束取样。

⑦拆除管线。缓慢打开管汇台截止阀泄压孔，泄掉取样管线内压力，拆除取样管线，拧紧钢瓶两端盖帽，填写标签。

（二）技术要求

①取样钢瓶必须完好检验合格。

②取样时管道压力要低于钢瓶安全工作压力 80% 范围内。

③管线连接好后要求对取样钢瓶通气吹扫，排除钢瓶内残余气体，有条件的可以用清水对钢瓶内部进行清洗。

④关闭钢瓶出口截止阀，开启管汇截止阀对钢瓶进行充气，压力控制在 3~5MPa，验漏。

⑤含硫井全程佩戴正压式空气呼吸器。

（三）注意事项

①劳保用品穿戴齐全、正确。

②正确使用工具、用具。

③操作完成后，操作工具、用具等整理归位，做到工完料尽场地清。

④做好风险识别并制订防范措施。

第三节　测试工具操作

一　LPR-N 测试阀的功能调试

（一）操作步骤

①调试试压前的管线连接。

②卸掉充氮塞，连接充氮压力表（10000psi）；按照操作要求连接氮气瓶的压力表（5000psi）、充氮泵、工具充氮压力表及管线（红色）。

③连续三次对工具进行空气排放。

④将上下油塞置于同一水平面上，用注油泵对其油室进行注油直至油内无空气为止。

⑤管线连接完毕后对整套调试流程进行检查。

⑥对氮气室进行充氮。

⑦模拟环空操作压力4000psi（30~60s）稳压10~15min，氮气压力为3600psi，卸压至2000psi或3000psi，稳压10~15min，氮气压力为2080psi或3080psi。

⑧在保持环空压力的情况下进行内密封试压10000psi，稳压15min无渗漏。

⑨芯轴产生位移或球阀处于开启（关闭）状态。

⑩详细记录功能调试过程中的时间、压力和所处状态。

（二）技术要求

①氮气室内严禁使用黄油，必须用20#硅油润滑。

②充氮气时，氮气室先注入100~150mL硅油。

③氮气室的保养，用六方扳手拧紧密封即可，严禁使用加力杆。

④氮气室的组装顺序，氮气室活塞都从下端安装，充氮时注意排三次以上空气。

⑤检查确保氮气室外筒，氮气室芯轴、油室外筒、油室芯轴无损伤或变形。

⑥检查确保剪销已更换。

（三）注意事项

①正确使用工具、用具。

②操作完成后，操作工具、用具等整理归位，做到工完料尽场地清。

③做好风险识别并制订防范措施。

二 OMNI 循环阀的功能调试

（一）操作步骤

①调试试压前的管线连接。

②卸掉充氮塞，连接充氮压力表（10000psi）；按照操作要求连接氮气瓶的压力表（5000psi）、充氮泵、工具充氮压力表及管线（红色）。

③连续三次对工具进行空气排放。

④将上下油塞置于同一水平面上，用注油泵对油室进行注油直至油室内无空气为止。

⑤管线连接完毕后对整套调试流程进行检查。

⑥对氮气室进行充氮；模拟环空操作压力4000psi（30~60s），稳压1min，泄压至

2000~3000psi，使换位芯轴至测试位时进行内密封试压 10000psi，稳压 15min，无渗漏。

⑦详细记录功能调试过程中的时间、压力和所处状态。

（二）技术要求

①氮气室内严禁使用黄油，必须用 20# 硅油润滑。

②氮气室的保养，用六方扳手拧紧密封即可，严禁使用加力杆。

③氮气室的组装顺序，氮气室活塞从下端安装，充氮时注意排三次以上空气。

④检查确保氮气室外筒、氮气室芯轴、油室外筒、油室芯轴无损伤或变形。

⑤检查确保换位机构换位槽完好，检查确保换位套钢珠的安装孔无损伤，否则就要更换到另一组换位孔，换位部位要求灵活无卡阻现象。

⑥检查确保换位芯轴上端外圆密封面完好。

⑦检查确保循环孔完好。

⑧检查确保循环芯轴上的两道密封完好、无划伤腐蚀现象。

（三）注意事项

①正确使用工具、用具。

②操作完成后，操作工具、用具等整理归位，做到工完料尽场地清。

③做好风险识别并制订防范措施。

三 RDS 循环阀的功能调试

（一）操作步骤

①调试试压前的管线连接。

②将破裂盘专用工装安装于工具破裂盘处。

③连接调试泵和调试管线（蓝色）。

④详细记录功能调试过程中的时间、压力和所处状态。

⑤不装破裂盘用试压工装对剪切芯轴进行加压，使其芯轴下移球阀关闭。

⑥在球阀关闭的状态下对球阀下端试压 5000psi。

⑦重新组装后对工具整体进行内密封试压 10000psi，稳压 15min。

（二）技术要求

①空气室严禁涂抹黄油。

②检查确保外筒内孔上第二道密封面根部的两处倒角无毛刺。

③检查确保上接头上的循环孔内壁周围无毛刺。

④球阀上、下垫圈要上紧，弹簧凹面对着球阀安装。

⑤检查空气室壳体无变形。

（三）注意事项

①正确使用工具、用具。
②操作完成后，操作工具、用具等整理归位，做到工完料尽场地清。
③做好风险识别并制订防范措施。

四 RD 循环阀的功能调试

（一）操作步骤

①调试试压前的管线连接。
②将破裂盘专用工装安装于工具破裂盘处。
③连接调试泵和调试管线（蓝色）。
④管线连接完毕后对整套调试流程进行检查。
⑤不装破裂盘用试压工装对剪切芯轴进行加压，使其芯轴下移循环孔开启。
⑥重新组装后对工具整体进行内密封试压 10000psi，稳压 15min。
⑦详细记录功能调试过程中的时间、压力和所处状态。

（二）技术要求

①空气室严禁涂抹黄油。
②检查确保外筒内孔上第二道密封面根部的两处倒角无毛刺。
③检查上接头上的循环孔内壁周围无毛刺。
④球阀上、下垫圈要上紧，弹簧凹面对着球阀安装。
⑤检查空气室壳体无变形。

（三）注意事项

①正确使用工具、用具。
②操作完成后，操作工具、用具等整理归位，做到工完料尽场地清。
③做好风险识别并制订防范措施。

五 RTTS 封隔器的功能调试

（一）操作步骤

①调试试压前的管线连接。

②将水力锚的上下丝扣与试压接头连接。

③将水力锚垂直放在相对应大小套管内。

④连接调试泵和试压管线（蓝色）。

⑤管线连接完毕后对整套调试流程进行检查。

⑥操作调试泵对水力锚锚爪进行检验，记录水力锚锚爪伸出的时间和压力。

⑦继续加压至 5000psi，稳压 15min，无渗漏。

⑧缓慢泄压至零观察水力锚锚爪的收缩情况，达到无损坏和无卡阻现象。

⑨检查确保摩擦块总成和机械卡瓦性能完好、灵活无卡阻现象。

⑩将水力锚（容积管）与封隔器进行组装后对工具整体进行内密封试压 5000psi，稳压 15min。

⑪详细记录功能调试过程中的时间、压力和所处状态。

（二）技术要求

①水力锚母扣为特殊梯形扣，安装时清洁丝扣，避免发生扣粘连。

②拆卸摩擦块时要固牢，防止弹簧片飞出导致人员受伤。

③封隔器坐封吨位控制在 160~220kN，压差控制在 56MPa 以内。

④ RTTS 封隔器带容积管时其试压值不超过 35MPa。

（三）注意事项

①正确使用工具、用具。

②操作完成后，操作工具、用具等整理归位，做到工完料尽场地清。

③做好风险识别并制订防范措施。

六 液压循环阀的功能调试

（一）操作步骤

①调试试压前的管线连接。

②将环空传压孔剩一孔连接快速接头，其余孔用丝堵上紧。

③连接调试泵和调试管线（蓝色）。

④管线连接完毕后对整套调试流程进行检查。

⑤模拟环空操作压力 2000psi（3000psi）使其芯轴下移并关闭循环孔；保持环空操作压力在循环孔关闭的情况下对工具整体进行内密封试压 10000psi，稳压 15min。

⑥详细记录功能调试过程中的时间、压力和所处状态。

（二）技术要求

①油腔内可能会有余压，在旋出油塞的时候感觉到余压的存在，油塞退出不能超过1~2圈，否则可能会在丝扣完全退出前损坏O形密封圈。

②检查确保循环芯轴的下端外圆无损伤或变形。

③检查确保下芯轴的外圆无损伤或变形。

④加压几分钟后旁通阀才能关闭，上提时无延迟，旁通阀可于第一时间开启。

（三）注意事项

①正确使用工具、用具。

②操作完成后，操作工具、用具等整理归位，做到工完料尽场地清。

③做好风险识别并制订防范措施。

七　BJ震击器的功能调试

（一）操作步骤

①将BJ震击器的调试接头与工具的上下扣连接。

②检查确保调试拉力架的操作台手柄完好、液压缸伸缩灵活，压力表灵敏准确。

③用行吊将震击器平稳地置于拉力架上。

④管线连接完毕后对整套调试流程进行检查。

⑤操作手柄使震击芯轴处于压缩状态。

⑥使震击器处于拉伸状态时调节压力表达到 $3\frac{7}{8}''$（上拉力18T）、5″（上拉力22T），详细记录震击器的延时时间和次数。

⑦反复调试10次，最后一次的延时时间需在3~5min范围内达到合格。

⑧详细记录功能调试过程中的时间、压力和所处状态。

（二）技术要求

①下芯轴外圆密封面须认真检查，确保密封性。

②检查确保花键芯轴无损伤或变形。

③连续震击10次或壳体温度升高时停止作业，待温度降低后方能继续。

④试压时，使震击芯轴处于拉伸状态，防止设备损坏和人员伤害。

（三）注意事项

①正确使用工具、用具。

②操作完成后，操作工具、用具等整理归位，做到工完料尽场地清。

③做好风险识别并制订防范措施。

八　VR 安全接头的保养和操作

（一）操作步骤

①将 VR 安全接头水平方向置于龙门钳上于凸耳芯轴壳体上夹住，再用管钳置于凸耳芯轴壳体上六方处背住，用管钳按逆时针方向将底接头卸掉。

②用一字改刀将六颗固定剪销取掉。

③用管钳将反扣螺母（顺时针方向）卸松，并采用上提右旋（1/2 圈）、下放右旋（1/2 圈）的方法卸掉并取出 VR 安全接头凸耳芯轴，检查确保凸耳芯轴无划痕和毛刺。

④将 VR 安全接头凸耳芯轴用龙门钳夹住，用扳手将密封环挡圈按逆时针方向卸掉，更换使用或已损坏的密封环。

⑤用清洁剂将配件进行仔细清洗，取掉所有损坏变形的密封件，然后用空气泵将配件吹干，对照图纸更换所有的密封件。

⑥将 VR 安全接头凸耳芯轴用龙门钳夹住，将更换的密封环套入密封环挡圈芯轴上，用扳手将密封环挡圈按顺时针方向上紧。

⑦将 VR 安全接头凸耳芯轴壳体上在龙门钳上水平方向夹住，将凸耳芯轴上的反扣螺母按左旋方向即上提左旋（1/2 圈）、下放左旋（1/2 圈）旋紧（特别注意，该处上扣不允许用管钳上紧，徒手上紧即可）；用一字改刀将六颗固定剪销装上即可。

（二）技术要求

①入井前确认张力套的拉断值。

②检查确保芯轴的外圆密封面无损伤或变形。

③检查确保下接头母扣止口处的内密封面无损伤或变形。

④组装时其反扣螺母用手上满扣即可，禁止使用管钳。

（三）注意事项

①正确使用工具、用具。

②操作完成后，操作工具、用具等整理归位，做到工完料尽场地清。

③做好风险识别并制订防范措施。

九　套筒式放样阀的保养和操作

（一）操作步骤

①将套筒式放样阀下接头六方处置于龙门钳上夹住。

②卸掉上接头。

③卸松下锁紧螺钉。

④从放样壳体上卸掉放样螺母。

⑤取出放样芯轴（必要时用铜棒均匀敲击）。

⑥用专用工具取掉所有O形圈、支撑密封。

⑦清洗所有工具构件，并用毛巾擦干、空气泵吹干，检查损伤情况。

⑧将下接头置于龙门钳上夹住。

⑨将放样芯轴装入放样外壳体（注意对准插槽和放样孔）。

⑩装入放样螺母。

⑪装入上接头，上紧丝扣。

⑫ 调节放样螺母，装入锁紧螺钉固定。

（二）技术要求

①装上、下试压堵头，对工具逐级试内压至10000psi，最后一级稳压15min，无渗漏，合格。

②工具泄压至5000psi，连接放样装置，用管钳正旋放样螺母，将放样阀拧至开位，采用放样装置上的考克缓慢泄压，工具能正常泄压方合格。

（三）注意事项

①正确使用工具、用具。

②操作完成后，操作工具、用具等整理归位，做到工完料尽场地清。

③做好风险识别并制订防范措施。

思考题

1. 平板阀维保完成为何必须试压？试压要求有哪些？

2. 更换压力表前为什么要检查需安装的压力表前闸阀状态？

3. 检查更换油嘴操作步骤有哪些？

4. 检查更换临界速度流量计孔板操作步骤有哪些？

5. 简述测压井液密度的操作步骤。

6. 简述高压物性取气样操作步骤。

7. 分离器启动正常后如何进行调试进入求产状态？

扫一扫
获取更多资源

参考文献

［1］沈琛.试油测试工程监督［M］.北京：石油工业出版社，2005.

［2］中国石油天然气集团公司职业技能鉴定指导中心.井下作业工［M］.北京：石油工业出版社，
2012.

［3］大庆油田有限责任公司.井下作业工（油气生产单位专用）［M］.北京：石油工业出版社，
2013.

［4］《油气田硫化氢防护口袋书》编写组.油气田硫化氢防护口袋书［M］.北京：中国石化出版社，
2016.